THE FARM TABLE

THE FARM TABLE

農夫主廚的餐桌

感受田園四季日常，享用美好的原味料理

朱利葉斯‧羅伯茨 Julius Roberts ——— 著

蔡惠民（Min）———— 譯

suncolor
三采文化

獻給祖母，妳對煮食的熱愛感染力十足，啟發了這趟旅程。

每回從鹽罐子裡捏取一小撮鹽，或是打開存放香料的抽屜，都讓我懷想起妳。

我們深深地思念著妳，希望天堂的食物是美味的。

前 言　6

前 言

　　那是一個料峭冬日早晨，我們正處於冷寒酷凜的週間，從我的窗外遠眺出去的田野，被鍍上一片霜白。我可以看到山羊們瑟縮依偎在一方太陽照得到之處，試圖汲取陽光帶來的些許溫暖。天地靜止無風，只有知更鳥發出像玻璃被擊碎似的嘹亮聲響，劃破靜謐。從我的窗戶朝農場入口看去，三棵栓皮櫟樹簇擁著防止牛隻漫走的格柵而生，旁邊是一排被野玫瑰糾結纏繞住、搖搖欲墜的籬笆。眼前有農場經常可見的凌亂，一只胡塞亂填的廢物棄置箱、幾輛生鏽的腳踏車，及一堆撐靠在，現已被野貓據地為窩的舊豬圈外牆的籬笆圍欄。我看見雞隻們在結凍的地面不停地抓撓，抖動羽毛使之蓬鬆，好抵抗寒冷。眼神穿越一片交錯枝幹，我的羊群正在前方的田野嚼草，一身毛絨絨外衣，儼然像是綠草地上的幾抹煤炭漬。今天會是忙碌的一天，一隻跛腳的山羊得救治，乾草飼料架得填滿，一隻在塑料大棚搞破壞的兔子得應付，還有來年要種的種籽也得下單。

　　這一切是從 Snap、Crackle、Pop 和 Alby 這四頭豬開始的。我在倫敦一家叫 Noble Rot 的餐廳工作即將滿一年，開始領悟到餐廳日常和我所期待的相去甚遠。我愛極了餐廳可以不斷學習、革命戰友般的情誼和充滿刺激的日子，但高強度的工時、永遠睡不飽和高壓，總感覺很難長此以往地繼續。

　　Noble Rot 是屬於信奉極簡烹調，讓美好食材發光發亮的頂尖餐廳那一掛。當家主廚追尋一流鮮蔬和新供應商永不停止的執著，總是讓我嘆為觀止。不管是在康瓦爾當日現捕、到店時仍活跳的魚鮮，依舊以健壯馬兒牽引舊式機器進行耕地播種的蔬菜供應商，或是永遠能採收到最優質蕈菇的野外尋菇行家。每天清晨，雙眼發亮、笑容滿面的農人，會帶著盛裝著耀眼吸睛的鮮採蔬果箱現身，有這輩子前所未見的多汁番茄，數個托盤的帶刺朝鮮薊，以及紅蠟密封的藍皮南瓜，和在恆常有機草原上慢悠悠放養的全羊。我忽然有個起心動念：他們鎮日在外活動，曬出一身古銅肌，看起來元氣健康；反觀我在這裡，肌色呈現介於灰黃之間的色階，沒有咖啡活不下去，整天悶在無對外窗的廚房，上緊發條，壓力山大。

於是，我擬定一個以自耕自食為目標，搬離都市並重返大自然懷抱的計畫。我童年大部分時光，都花在探索森林、誘捕兔子和架柴生火。但一開始對於跨出第一步，我是膽怯的。因此辭去餐廳職務後，我在倫敦又盤桓了一段日子，實在難以和親朋好友們及生活多年的都市帶給我的安全感斷捨離。最後，在周遭諸多鼓舞打氣下，我終於決定收拾起包袱，帶著愛狗洛基啟程。

我搬到父母名下位在倫敦東邊蘇福克郡的小村舍，開始先接私人外燴賺錢好維持生計，達成將自宅擴建成小農場的終極目標。當時序進入深冬一月，地面完全凍結，冷硬到根本無法開挖播種。雞隻們在冬天是不下蛋的，感覺難以讓我對這種新生活模式投入堅定決心。但我聽說豬隻就不同了，因為養豬能帶來許多樂趣，牠們似乎是我所能採取極為大膽的第一步，足以確保我能堅持計畫，避免在全力以赴前就宣告放棄。於是我在網路上搜尋，求見一位專門飼養曼加利察豬（Mangalitsa）的太太，這款稀有品種的捲毛豬，是以漂亮油花，深重肉色聞名，特別適合拿來醃製肉品。被這些小豬們的樂天豬豬本性所打動，我當場付了訂金，買下四頭幾週內便能接回家的小豬。而我正好可以利用這段時間在林子裡蓋座豬圈，迎接牠們入住。

她現身的時候，後頭並沒有拖車，只是把小豬們，放進四個被塞在一輛操得面目全非的速霸陸後車廂的狗籠裡。我永遠記得她打開車門時，飄散出的豬味，還有當她看到我們為小豬們搭建的豬圈搖搖欲墜時，臉上露出的燦笑。我們沒辦法把車開得更靠近位在森林深處的豬舍，因為那裡位於荊棘叢生又陡峭的山丘下。她表示無需擔心，抓住小豬們的後腳，以獨輪推車一隻隻將小豬送進山丘下的家。小豬使盡吃奶力，從肺腔發出響亮到令人難以置信的嚎叫，引起一陣不小騷動。但就在她放手的那一刻，小豬的鼻子，彷彿嗅出抵達所在，瞬間平靜下來，彷彿回到家一樣；牠們強而有力的豬鼻子深掘沃土，挖到橡果子時——抬起沾泥的髒鼻子，嘴巴因咀嚼而發出嘎吱嘎吱聲響；牠們的眼裡閃著笑意，毛茸茸的屁股雀躍地搖啊搖。牠們排成一列，在枯黃橡樹落葉鋪成的齊膝厚地毯上，東翻西鑽，翻出一堆有的沒的東西。

第一個月，我與這些豬成天為伍，要不是天氣太冷，我肯定會在豬舍旁搭帳篷露營，牠們像青少年，每個都很有個性。我經常在清晨發現牠們明明沉睡著，但當我把整桶蘋果往圍欄裡倒時，便會猛然驚醒，同時發出呼嚕驚叫聲。牠們會和洛基玩鬧，在豬圈裡繞圈追著洛基跑，也渴望關愛、懇求搔癢，牠們會閉上雙眼，一臉陶醉地搧動長睫毛，靜靜躺在我身邊一段時間。

　　我打從一開始就跟這些奇妙的小豬們感到對頻，開始去思考餐廳對絕佳食材的追求，及那些食物生產者背後的故事。為什麼我們與食物產地及照養的動物，距離如此遙遠，甚至毫無連結呢？我們聽著童謠，並抱持著對農場動物的愛長大——牠們感覺如此親暱，但實際上，牠們的聰明、敏感和性格全然被忽略了。我坐在豬圈裡，懷著對小豬們的滿溢熱愛，對牠們的智慧和獨特個性感到敬畏，對於牠們和我的狗之近似感到震驚，並且為有朝一日，我必須決定牠們的生死這個事實，感到憂懼。

　　和這樣的認知反覆較勁是一件非常棘手的事。人們總說千萬別替你的豬取名字，因為你會過度在乎、依戀，會讓最後的決定變難。但我認為那完全一派胡言。我就是要依戀、寵愛牠們，對牠們心懷感激，然後給牠們過上最完美的一生。我從不反對吃肉，生命自有其食物鏈，但我堅決反對動物因為我們吃肉而受苦。我對那一天的到來感到害怕，一拖再拖了許多年。真正讓我感到悲哀的是，如今知道牠們有多聰明，及絕大多數的牠們，都活在痛苦之中的這個事實。於是，這變成了我的使命，不是為了大聲疾呼要大家選邊站，及在網路上筆戰激辯，而是將這些動物有感知、機敏且美麗的本性真實展現在眾人眼前。紀錄這個大男孩和他養的小豬之間的愛，只是期盼能促使大家再一次思考自己的消費模式，及其所帶來的影響。我認為要鼓勵人們戒掉肉食很難，但說服他們思考吃下什麼樣的肉，卻容易得多。總的一句就是：重質不重量——少吃肉，用省下來的錢，購買被好好照養的動物肉品。如果我們都能這麼做，對地球的影響將會劇減，讓那些與自然和諧共存、仍在慢慢成長中的整全農場有充足的生存空間。

　　對這些小豬的愛，及牠們教會我的功課，更加讓我的這段人生道路踏實。四隻豬之後，我們迅速地迎來一窩母雞、種菜、第一隻山羊及一小群

羊。每多一批新成員，就伴隨著一連串無止境的當頭棒喝、失誤和歡喜的學習。我第一次幫忙接生，眼睜睜看著心愛的山羊為胎死腹中的寶寶哀悼；犯下購入廉價堆肥，導致雜草像地毯似狂長，攻占菜圃。這些都是令我懊惱不已的低級錯誤。雖然最初就我一人在這裡孤軍奮戰，但是與大自然的連結及老派生活的寶貴經驗，也開始影響我的親朋好友。沒多久，大夥兒紛紛伸出援手，幫忙除草、打掃豬舍，並享用每日撿拾的新鮮雞蛋。然而，很快地，我養的禽畜動物，已超過所屬林地所能負荷。我們老是在計畫，打算搬到離住在土地更肥沃的英格蘭西部家人更靠近一點，而這個全新生活模式，帶給我們亟需的行動力。

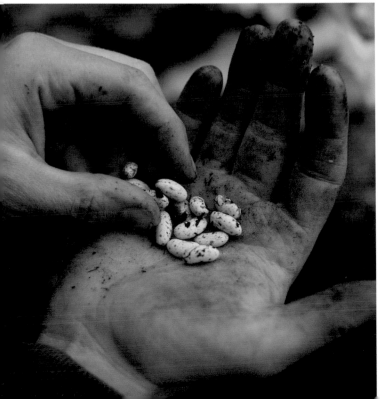

農場

　　我們賣掉原本的小農場，買下位在英格蘭西部靠海的一個百廢待舉的破農場。我在五月底遷入，一年之中我最愛的時節，螢光綠的田野，雲朵般怒放的鮮花，在每一叢樹籬上翻騰。我穿越野花盛放的草原時，一群蚱蜢在我面前跳躍，田野因授粉嗡嗡聲而顯得生氣勃勃。我在那裡住了一個月，和幾隻仍需以奶瓶餵食的小山羊露營而居。我試著探索新環境，快手快腳地先湊合，搭建出導電圍籬並安裝水槽，才能將其他家畜也接過來。

　　在我帶著三個蜂箱、十二隻雞、二十隻山羊和三十隻綿羊，搬運幾個動物庇護所、一部小牽引機和兩間雞舍，橫越全國進行大遷徙的八小時裡，一場歇斯底里的混亂發生了。經過漫長又顛簸的旅程後，我們打開拖車車門，看到車裡以羽絨被緊緊裹住的蜂箱中，蜜蜂們滿腔怒火。雞群從籃子裡竄跳出來，羽毛四散紛飛，迫不及待開始在草地上抓刨。我們接著把拖車往上開到草原中央，放出綿羊和山羊。當牠們舉步維艱地從斜梯走下，踏入正處於顛峰成長期的草地時，眼裡流露出不可置信，讓我永生難忘。牠們走過高到下巴，淹沒身體的鬱蔥草原，無數蝴蝶在周遭飛舞盤旋；牠們津津嚼食荊棘刺藤，接著在一排數十年從未被打擾過的巨碩橡樹長達三十米樹籬的斑斑光影下打盹。就是這一刻，我有一種「回家」的感覺。坐在山丘上，凝視著牠們在這片原始的新棲息地吃草，伴隨四周鳥兒的啁啾歌唱，空氣裡瀰漫著接骨木花香。彷彿置身天堂。

　　我們居住的小丘，位於一個狀如水滴形大碗的隱密山谷。農場邊緣不可思議地陡峭蔓荒，雜亂叢生的樹籬，多刺灌木叢和密厚金雀花，拼接般地糾纏成一片。農舍座落在山丘下，被一群具有防護作用的大樹包圍：包括幾棵強健的橡樹、一株垂柳，以及由幾棵隨意生長而滿是節瘤，被苔蘚覆蓋的蘋果、李子和榅桲組成的果園。一道亂無章法的盲柵（編按：一種可以隔開花園草坪與放牧草地的縱深壕溝），原是為了防止羊群亂入花園，現在成了大冠蠑螈現成理想的家，同時也是方便羊群在黎明時分溜進花園啃食花草的翻牆梯。在這之外是一簇小田地，被縱橫交錯的樹籬和林地環擁著。之前居住在此地的女士，是一位大自然激進派守護者，將農場

交給在地野生動植物保護信託管理。這塊土地超過三十年，從未受到化學藥劑或人工化肥的染指。這片原野共160個物種紀錄有案，更成為各種昆蟲、鳥類、狐狸和田鼠等生物，至關重要的棲息地。夜晚時分，貓頭鷹的叫聲，充斥農場各個角落，她種下的2000棵樹，如今已長成一片繁茂的闊葉林，成為丘鷸、啄木鳥、鷹、禿鷲、獾和夜鷹安住的家園。這是一個特別的所在，站在高處俯瞰溪谷，看過織錦般的農田，海洋在海岸山陵起伏間隙若隱若現。我們下定決心要在她打下的基業上繼續努力。

我們周圍的土地，算是集約式酪農場的集中區域，慣常把大自然邊緣化，其他物種分到的棲息地所剩無幾。我們的目標是提供大自然一個避難所，沙漠裡的綠洲，同時種植蔬果。在草地復育計畫裡，我們在另外三塊農地上撒下各式各樣的野花種籽，也計畫大量種樹，努力打造一個生生不息，人稱森林牧地的稀有棲地。這將能提供許多物種一個居所，抗旱也能餵養我的動物們。我養的都是稀有古早品種，比起現代品種個頭更小，成長速度也更緩慢。牠們所需不多便能生存，故對土地的影響相對微小，而且可與自然和諧共存，而非與之競爭。我們少量飼養，小心地輪換草地，好延長野花盛放期以能結籽。這時羊群四處踩踏，會把種籽散播到各處田地，抑制雜草在冬天生長，來年春天，野花才有最佳機會再次盛開。

從遠處觀看，一切顯得夢幻，事實上，多數時間的確如此。若是歲月靜好的一天，這簡直是超棒的生活方式，日出而起，一日時程依季節而定，無論什麼天氣都在戶外，與自然融為一體。即便是諸事不順的一天，發生的一切都有其真理，艱困中自有其美麗，大自然是嚴酷且無情的，但那也同時包括，我在淤泥及傾盆大雨中，修剪成千上百隻的腳趾甲；在春天，接生小山羊及羔羊，臀位分娩需要外力拉出時，也是我親自上陣；當分娩出狀況，或傳染病在羊群中蔓延擴散，或甚至更糟，在屠宰場遭到背叛，度過這些哀傷日子的人，也是我。這一切絕非憑空出現，而是過去八年的漫長旅程，我一點一滴建構起農場，透過一連串挫敗和可貴教訓學習，快速成長。一路走來，我得到不少很棒的建言忠告，也遇見許多傑出的前輩導師，但實際上，我所學到最重要的東西，都是經由一些殘酷的錯誤而來。

過去我曾經校長兼撞鐘，凡事一人扛，偶爾家人朋友會來幫忙抓這拔那

的，有時會以雞肉派和慢燉燻豬腳，來換取弟弟們的協助。但如今農場已經成長到，必須額外人手分擔的規模，我弟弟喬斯現在是農場的左右手，他多半負責種菜和乾草架補給，也是隨時隨地能捕捉在秋天鎖定母羊氣味而性致勃發的公羊之箇中高手。從開始的十隻羊，增加到現在的四十隻。我養的是一款叫英國原始山羊（British primitive goat）的稀有品種，純粹基於保護，也因喜愛牠們的好奇心和十足的個性而飼養。最初的十一隻赫布里底綿羊（Hebridean sheep），已擴充到上百隻。其中有三十隻身負繁殖任務的母羊，一年約可產下五十隻小羊，而這將會是我們這個小農場的主要收入來源。如之前所言，牠們屬於成長緩慢的古老品種，所以我通常會養到十五個月大（相對於商業飼養的四到六個月壽命），在直接賣給親朋好友或在地肉販屠夫之前，會在天然放牧地上輪換區塊放養。屠宰場總說，你會習慣的，以後會越來越容易割捨，但我想我永遠沒辦法，也不想要習以為常。我深愛我飼養的動物們，而不管在帶牠們前往屠宰場那一天之前或之後數週，都讓我心情沉重不堪。那感覺像是對牠們的終極背叛，我總是在最後一刻都猶豫不決。但同時，那又是多大的榮幸，得以知道食物的源頭及其真實的價值：精心照料與管理所花的時間、與牠們成長那片土地之間的關係、死亡的道德成本，以及其代表的真正意涵。

起初，我建農場的計畫就是，看看能否做到接近自給自足。雖然這個主意挺不賴，我實際上只是試著盡可能學習，然後看能做到什麼程度。我從來沒養過乳牛，但夢想有天能自製乳酪。我還很想再養豬，清理一些林木間的荊棘，和曾是這個大環境裡固有一分子的動物，共創朝氣勃勃的生物多樣性及建構棲息地的機會。我也經常夢想著種一小畦麥田，就純粹為了看看自己種植、研磨、烘烤並享用一塊麵包，到底具有什麼意義？人的一生中沒有什麼是確定的，但我唯一可以肯定的是，我喜歡扎根於四季，感覺與自然相連。這樣的生活方式及其所帶來的學習，是無上的待遇。我的夢想是建造一個屬於我的地方，打造人們可以下榻、親身體驗的家，真心地當成他們自己的家一樣，幫忙照料動物，一起下廚，種菜蒔花弄草和養蜂。

食物

這所有一切農事農耕，都建立在我對食物的深情厚愛之上。我的生命旅程裡，烹飪一直是核心所在，它是我與世界互動的方式，我也透過它來分享與給予。廚房一直是我們家的中心，我們在其間交談、爭論、商討和深入思辯。是狗、生病雞隻的家，也是爐台旁永無止境清洗晾乾的場所，與需要奶瓶餵食的山羊，和渾身溼透需要取暖的羔羊們的家。每一個角落都堆滿書冊、植物，及不斷增生的盤皿收藏。是我日夜消磨時光之處，湯鍋咕嚕咕嚕冒著泡，平底鍋嘶嘶作響，留下一串經常會讓我被叨念的凌亂及破壞的痕跡。可是……還有什麼更好的方式表達你對某人的心意呢？很單純地，你將一鍋精心烹煮，熱氣蒸騰的菜端上餐桌。湯碗一個接一個傳下去，撕開麵包，塗上奶油。吃下第一口的集體歡愉，及因為簡單美味的食物，而激發的交談嗡嗡聲……我們因為烹飪而成為人類。

後面章節收錄大約一百則食譜，有些與其說是食譜，不如說是烹飪方法，是啟發靈感的點子，而非照本宣科的規則。依季節分類，因為我堅信那是我們應該遵循的飲食方式。雖然我有一些餐廳歷練，但骨子裡，我只是個熱愛食物的家廚，因而分享的食譜都相當簡單。依季節而食意謂著，你吃的有著顛峰狀態的蔬果，身為掌廚者，並不需要做太多，僅用簡單的方式，讓食材原味發光發亮即可。一般來說，這些食譜都是以少許巧妙的調味，為盤子上的幾樣美好食材增添滋味而已。

每個季節章節都會有幾道副菜、蔬食、魚肉料理這樣的組合，最後再以幾道賣相一流，卻簡單製作的甜點收尾。但至關重要的是，這些食譜無需和所屬季節牢牢掛鉤，如果你看中某一道料理，歡迎你盡情發揮創意，以手邊有的食材替代微調。〈盤子上的春天〉在打發瑞可達乳酪上，鋪排著可口的慢燉綜合春蔬，是書中我最喜愛的一則食譜（請看第118頁）。沒錯，這是道極好的春日菜色，但你絕對可以替換掉蔬菜陣容，依居住地方的季節來調整。夏天可以試試櫛瓜和番茄，秋天換成炭烤甜玉米或烤南瓜，具大地氣息的瑞士甜菜和羽衣甘藍，是冬天的理想組合。同理，如果是道肉料理，但你吃素，不放肉就得了。做菜應該是好玩、出於本能且自由隨興的。

　　如果食譜是故事，這本書是我住在這個小農場前三年，精彩片刻的集結。那是一段充滿豐富探索與靈感的時光，學著和我現在稱為家的地方產生真正的聯繫。我希望書中的食譜，能提供一扇窗讓你窺見我在這裡的生活，同時賦予你和季節建立新連結的靈感。這些簡單的家常烹調，來自一個充滿愛的地方，不只是為了品嘗的人，也為了生產它的那片土地。在小山羊攀爬廚房桌子，啃咬壁紙時，完成的快手料理；當我們在挖掘菜圃，從而發現滋養我們一整年的沃土時，那碗被端到花園裡，冒著熱煙的湯品……這是一本在農忙之餘，用沾著泥土的手指做菜的食譜集。但同時也包括，在步調稍緩的日子裡出門散個長長的步之後，回家烹煮菜餚時，全心感受做菜這件事的踏實感，享受按部就班的過程，及食材入鍋的歡快舞姿。

季 節 性 與 調 味

　　餐飲界的工作，是一段影響我深遠的養成歷練。我度過了一段美好時光，學會各種廚藝技能、勤奮工作的真正意義，以及如何團隊合作。廚房裡的革命情感將永遠長存我心，有一小部分的我，其實一直希望能再待久一點。在專業廚房裡學習的速度，快得不可思議。我在這裡想談談，從那個世界裡師習到的兩個命題，也永遠是我烹調的核心：依季節料理和調味的藝術。

季 節 性

　　季節性是指採買食材和飲食上，以四季做為最高指導原則。春天享用蘆筍，三天兩頭大啖一番，充分把握短暫的產季，把一整年額度都吃完，迫不及待夏日番茄和櫛瓜的上市。接著耐心等待，一根也不碰外國進口貨，直到四季輪迴，隔年產季到來，才再次盡情大快朵頤。思念某個事物，是多令人愉悅的事啊！等待回歸能增進期待，讓時蔬也令人興奮。我總是無比期待每年的第一顆南瓜、第一根從長莖上，啪地折下的甜玉米，及採野櫻桃時，紅色汁液順著手臂流下的一刻。依季節烹煮，得以確保吃的是蔬菜水果的營養和風味都處於顛峰期，對掌廚者來說，這具有舉足輕重的影響。廚房裡，你所能做的只是增添滋味，沒辦法憑空創造出食材本身就缺乏的風味。如果你用盛產期的食材，就已經贏在起跑點了，接下來只要一切從簡就能烹製出美味絕倫的料理。

　　想像在番茄的盛產期，那一顆碩大肥美的牛心番茄，接受完美的悉心照料，汁液飽滿。除了直接佐以上好橄欖油、鹽花和幾片甜羅勒，想拿來用做他用，那簡直稱得上是犯罪行為了。深冬，吃著千里迢迢而來長在溫室裡照射人工光源，如同嚼蠟的番茄，多麼可悲啊。不管用多少橄欖油或海鹽都救不回來，因此我寧願等待，吃一如大自然本意，在戶外長大而滋味豐滿的當季羽衣甘藍。

吃在當季將會翻轉你的烹飪方式，更重要的是，食物里程顯著減少（如果真有的話）的在地時蔬水果，也同時保護地球。因為使用極少量的碳和化學物質，對環境的破壞少，價格還更便宜。當季食物容易照養，因而產量豐沛。

最後，季節會因你的居住所在而有極大差異，所以請勿覺得非得遵循某個特定章節不可。相反地，根據你隨手可得的食材，放手變化調整。拿這裡偏寒的氣候為例，我視番茄為盛夏到夏末，得以一直享受到秋天，直到初霜出現為止的食材。但如果你住在相對溫暖的地區，可能更早，在（我認為的）春天就能品嘗。因為住在英格蘭，我的大原則是依隨歐陸季節而食。假如在農產鋪子看到早收義大利蠶豆，我不反對在本地產上市前先開吃。同理，在盛產季節，我會充分運用在歐洲豐收多產，但在我們這岸卻生長困難的美麗食材，如血橙和杏桃。那些隆冬時在溫室培育，或者遠渡重洋而來的食材，才是我的大忌。在自然環境正陷入種種危機的此時，採買那些飛行千里而來的生鮮食材，在我看來簡直太瘋狂。察看商店的標籤，弄清楚哪些是在地產物，並盡可能以永續為行動目標。

調 味

當我在餐廳接受培訓時，我們主廚保羅每每會站在廚房通道，針對所有出菜試味道及擺盤。我烹煮的每一樣食物，不管是一鍋扁豆、一些瑞士甜菜、西班牙烤紅椒堅果醬或蒜泥蛋黃醬，在送到客人桌上前，都必須先過他那關。如果那天走運，他會和氣地建議在扁豆裡多加一丁點芥末、瑞士甜菜裡多下點檸檬汁，或蒜泥蛋黃醬還可以再鹹一點。如果那天諸事不順，我可能會因為鹽磨得不夠細緻、南瓜還不夠焦糖化，或忘記在布拉塔乳酪上擠少許至關緊要的檸檬汁而被痛罵。經由他不斷地評價、批評和鼓勵，我學到調味的真正意義。

在接下來的食譜裡，你會不斷看到「試味道並視需要微調」這個句子，但我想特別解釋真正意涵。調味是讓菜色中的食材淋漓發揮所長的藝術，使人嘗來千滋百味，而關鍵就在找到平衡及和諧。一般來說，多半圍

繞在鹽、油和酸這三點。做菜不試味道，就像矇眼作畫卻期望畫出曠世傑作一樣。觀看大廚做菜你會發現，他們沒辦法不邊煮邊試味道，不管是用手指或湯匙品嘗，不斷微調，充分參與整道菜的製作過程——無論是柑橘果醬、蛋糕麵糊還是慢燉料理。家裡為數眾多的掌廚者，總是一絲不苟的照本宣科，卻犯下不試味道，或者直到最後才調味的致命錯誤。

鹽的作用是透過提升天然糖分和香氣，同時壓制過度的苦味，來增進料理的風味。拿一朵紫球花椰菜，水煮後食用。如我之前所解釋，食材品質越好，你的起跑點就越有優勢，如果是一朵細心呵護出來的花椰菜，你等於贏在起跑點。煮花椰菜時，在水裡下點鹽，足以讓你嘗出些許鹹味（小小一撮簡直毫無意義），甚至你的花椰菜將展現無限生機。在烹調最後下鹽與在過程中不斷以鹽調味，有天差地別地不同。你要的是鹽能滲透進即將享用的食物裡，以獲取最佳風味，而在最後添入一大撮鹽，只會讓食物有鹹味，對於增添滋味毫無助益。

鹽本身也是食材，你使用的鹽的品質對於料理最終風味，也有舉足輕重的影響。我主要用薄海鹽片調味，但舉例來說，絕不會浪費在煮義大利麵的大鍋水裡——調味煮麵水，我會用相對便宜，但品質可接受的灰鹽或岩鹽。再者，我發現因為固定使用同一款鹽，我的手指已經記住要下的那撮鹽的重量，而調味就像是需要鍛鍊的肌肉，熟能生巧。如果你總是用相同的工具，將有助建立手感。常常我在旅途上，用不熟悉的鹽調味也會發生下太重的情況。

關於鹽的最後一點，你必須理解的是它不但有助提升風味，更在烹煮過程裡扮演著至關重要的角色。以橄欖油炸櫛瓜或洋蔥時，沒有鹽的話，不但容易焦，需要炸的時間更長。另外，料理過程中添加適量的鹽，不只美味升級，還能釋出水分，幫助分解，於是得以在自身的濃縮汁液裡煮熟。豪邁地在牛排上撒鹽，烹煮前先讓鹽有時間滲透進肉裡，如此不但能軟化肉質，還能在烹調的過程鎖住肉汁，煎出可口又多汁的牛排。

油脂，是另外一個組成調味的重要元素，它也是風味的載體，有助於圓滿整道菜。它也有助於一些重要維他命和礦物質的吸收。想像這樣的滋味功臣擁有多種形式：如橄欖油、布拉塔乳酪、優格、奶油、義大利培

根、豬油和義式醃豬頰肉。你還能用法式酸奶油、椰奶、芥花籽油和印度酥油。油脂能創造口感和潤澤，在某些烹煮過程，助益甚大，能讓各種風味融合成一體，並保持食物多汁。

最後，還有酸度，其重要使命是和鹽聯手，助明亮與圓滿風味一臂之力。酸能穿透油脂，本身風味絕佳，提供濃香重口料理重要的對比，料理時，能夠起到絕佳的相輔相成。倒是酸的個性強烈，必須小心使用，否則極容易喧賓奪主。試想一下波隆那肉醬，利用溫和微酸的番茄，讓濃郁油潤的肉醬輕盈起來——如果再擠些檸檬汁，肯定會完全掩蓋掉那低調細緻的風味搭配。相反地，在一份奶油青花椰或魚菲力上擠檸檬汁，卻是最純粹的喜悅。把油脂和酸度視為烹飪的陰與陽，而鹽則是帶出食材風味恆常不變的元素。不盡然每次都需要全數動用。培根奶油義大利麵就是絕佳例子，運用幾個不同的油脂和鹹鮮食材，一起攜手創造出濃香腴滑，完全不需要酸味插手的醬汁。

調味是極其複雜的世界，並不容易說明，但熟能生巧，而且我認為，其實滿輕鬆就能學會掌握技巧。關鍵是運用你的直覺，不斷試味道並微調，一點一點地反覆調整。一如我之前所言，雖然調味絕對是一大重點，但也只能增添滋味。如果你能結合精心調味和季節時蔬，你的料理絕對會有品質上的大躍進。

關 於 遵 循 食 譜 的 提 點

對我而言，做菜應該是極富創意、趣味橫生且十分直覺的。即便我重覆做同一道菜，要每次做出一模一樣的成品幾乎不可能。料理是用你現成的所有運用變化。所以，就算書裡的食譜都經過我反覆測試、不斷精進，力求許你們一個複製成功的最大機率，但仍請務必記住，食材不同，鍋具不同，甚至你使用的橄欖油、烤箱，你下的一小撮鹽，還有最重要的，你的味蕾更是有別。視這些食譜為指南的時候，我強力建議，千萬不要盲目跟隨。下廚時，必須運用五感和直覺。明白書寫與遵循食譜兩者之間存在太多變數後，以下是我想特別提出說明的幾件事：

首先，動手做之前，把食譜從頭到尾讀一遍，確保你了解烹煮的每個步驟，可以有效避免犯錯。

橄欖油。我從來不曾，未來也絕不會用湯匙度量橄欖油。我都是歡喜大方地，將油直接倒入鍋具或料理中，本能地判斷正在烹煮的菜餚需要多少用量。然而這本書裡，我在某些你可能會需要的地方，給出的是大概的提示，其他時候就交給你全權作主。請千萬把這些提示當作參考，如果你覺得你的料理，需要多下一點油，請儘管做。其次，我慣常買一瓶裝在大錫罐裡的五公升橄欖油，這意謂著我能以合理的價錢，買到品質不錯的油，我建議你也跟進。Odysea 是我特別鍾情的品牌。

辣椒。我愛辣椒，且用量極大。我認為做菜時使用辣椒的重點在於，獲取辣椒香氣風味，其次再求添入溫柔的熱辣。切勿讓大量足以麻木味蕾的辣味，在菜餚裡反客為主。好好認識辣椒，慢慢加進料理，以求取最佳平衡。烹煮時務必特別小心，它們很容易燒焦。

農產品一如辣椒，風味和質地強度會依品質、品種及種植地氣候，而有極大差異。等重的薑，在強度上可能南轅北轍，一如檸檬的酸度和大蒜的辣度等等。記著我們烹煮的是不同的食材，所以請視手邊有的隨機調整。不要因為我食譜這麼寫，你就直接把半顆檸檬擠出來的汁加入，最後吃來全是檸檬味。一點一點加，達到你的味蕾認可的平衡為止。

烤箱大不同。你的烤箱會有熱點、冷點，溫度計可能不太靈光，烤箱的大小也會影響到烤盤位置會比較靠近熱頂或風扇。你比我更了解你的烤箱，若發現蛋糕呈現深棕色或肉烤得微焦，就把溫度稍微調低。配合烤箱做調整，不管我告訴你烤多久，都要隨時察看進度。唯一要小心的是，烘焙時，切勿太早打開烤箱。

肉品。你買的雞也許體型更大或較小，你的羊肉也許肥腴，牛排比較厚，鍋具質地偏薄，或者火力更大。料理肉和魚要給出精準烹調時間實在很難，因為有太多變數。關鍵應該是，學會判斷你想追求的結果。肉類探針是很實用的工具，我會建議你入手。但也要記得用你的直覺，你完全可以提早從烤箱取出食物，測量一下溫度。肉料理需要靜置時間，好讓它回吸汁液，另外謹記出爐之後，肉本身持續會進行餘溫烹調。最理想的作法是，在肉品接近理想熟度前先取出，靜置時完成最後的烹煮。如果你能做到這點，未來肯定口福不淺。

　　洋蔥。我一般使用個頭大的黃洋蔥，如果你只有小的，那食譜中的一個，就以兩個來頂用。

　　豆子。儘管罐頭豆子超讚又便宜，但我還是偏好玻璃瓶裝豆，口感更軟糯，風味也更佳。罐頭豆子一般比較堅硬，所以，若使用罐頭包裝，請用兩罐來頂替食譜裡的大瓶裝。將豆子倒入鍋中，以一小撮鹽調味，再加入剛好能全數淹過豆子的水量。上蓋以小火滾煮15至20分鐘，直到柔軟能以手指捏扁豆子。

　　香草。我習慣一次放一大把，而且不手軟。我在家最愛種的就是香草，所以強烈建議你，也在花園或窗台種一些。尤其是比較耐寒的品種，一旦落地生根，它們每年都會定期回來報到。

　　最後，也或許是最重要的：我是根據我的味蕾喜好設計這些食譜。這些是我私愛且經常烹煮的料理，我希望它們也能成為你家餐桌的班底，但是請盡情地變化，調整成你偏好的味道。依季節烹調，一年四季根據你的活動範圍所能取得的鮮蔬食材，活用書裡的烹煮點子。食譜不是必須遵守的規則，而是能樂在其中的指南。

WINTER

冬 天

　　住在鄉間，你必須為冬天付出代價。它是個極美的季節，大自然赤裸裸地展現在所有人的眼前。既平靜詳和，又狂野無情。銳利而厚實的霜，像毯子一樣覆住大地，鋪天蓋地的靜謐霧氣，只有枯枝幹能劃破。下不停的雨和密布的烏雲，綁架了太陽好幾個禮拜。我們在戶外勞動，面對椎心刺骨的寒風奮戰，兩頰泛紅，大口吐著白氣，手指因寒冷而僵硬疼痛。多塞特郡（Dorset）的濛濛雨雖然不大，但還是淋得渾身溼透。漫長寂靜的夜晚，伴隨著鐵灰色的天空和引人愁思的月亮。這是個自我省思、升爐火和大煮一頓的季節，一段慢下腳步並自我回顧的時間。我們再次充電、放鬆，為忙碌喧鬧的春天做準備。

　　有時候，在嚴寒日子裡苦苦渴望溫暖碧翠春天幾個禮拜後，我會從一種只屬於冬天的寂靜裡醒來。那裡只有微風的呢喃，空氣乾淨清脆，在我的鼻孔發出嘶嘶聲響，光線將光禿禿的樹，投射出鍍上金銀光的陰影輪廓。鳥兒似乎總是把歌聲保留給這樣的一刻，清除喉嚨裡長出的蜘蛛網，在安靜避寒數週後，預告著陽光即將回歸。日子裡有著純淨的美，大自然毫無矯飾地攤開在我們眼前，在長達數個禮拜殘酷無情的天氣之後，這一切更顯甜美。

　　結晶的草地在腳下發出令人愉悅的吱嘎響，掛著晨露如寶石般的蜘蛛網，像一串珍珠項鍊。充滿希望的春芽，開始現身樹籬，雲朵般的蛙卵，在池塘畔閃閃發光；青蛙求偶的叫聲，穿插在農場鴨子們的喋喋不休中，形成自有韻律的「呱」噪合鳴。蠑螈開始在屋子的各個龜裂和縫隙現身，因為即將到來的春日和暖，從冬眠緩緩甦醒。過去幾個月牠們都靜定不動，我每看到就隨手抓起來，手裡感受牠們身體的冰涼與舉止的緩慢，我把牠們放回花園裡的潮溼地帶，好讓牠們也可以啟動春天的儀式。

冬天的勞務艱難、單調，但具有挑戰性，是動物們最需要我的季節，我幾乎所有時間都待在農場。幫乾草架加草、鑿破飲水槽的結冰、修剪潮溼且滿是泥濘的羊蹄。我扛著乾草捆，走過一片又一片的田野，草捆沉沉壓在肩上，令人發癢的草屑掉進毛料連身裝，從脖子滑進衣服裡。拆開乾草捆，我深吸一口氣，享受著令人懷念的夏日乾草香，然後注視著塵埃在直銳的陽光下飄散。從氣味和深處的顏色，就能判別乾草的好壞。大部分熱乎乎又芳香的乾草都還保持著淡綠寶石色，而且滿滿的乾燥野花和種籽頭：野豌豆莢、刺薊、黃色佛甲草，及黑矢車菊和牛眼菊。在我把膨鬆的乾草又到架上時，山羊會在身旁推擠，搶著跳上乾草堆，開心地大嚼乾草，為了爭奪領先位置而互相頂來撞去。我喜歡聽牠們咀嚼時，牙齒磨碾的嘎吱聲音，總是會坐下來陪著牠們一段時間，近距離觀察。搔撓牠們的下巴，檢視是否有跛腳的最初徵兆，這在冬天經常發生，因為地面溼滑，對羊蹄很常造成一定損傷。深冬時，如果細瞧，通常可以在羊媽媽的大肚皮上，看見尚未出生的小山羊寶寶用小蹄子踢媽媽肚皮的腳形。我會開始猜測哪隻懷雙胞胎，哪隻是單胞胎，然後在春天生產前，給懷雙胞胎的母羊雙倍的食糧。

　　我那群沉得住氣的綿羊，坐在高高的山丘上緊閉雙眼，深呼吸著，對於餵食的乾草毫無興趣。牠們在陽光下曬著背部，腳縮在毛絨絨的羊毛團下。很快地，我們就要開始接生。此刻的寧靜，將會被田野上互相追逐嬉戲的小羔羊發出的歡快咩叫聲所打破，而小山羊則在母羊身上爬上爬下。相較於母山羊會很明顯地從走路及充滿戲劇性的不適，來表現出所有懷孕徵兆，綿羊媽媽則非常重私密且極其堅忍，總將任何不適疼痛，都隱藏在漆黑眼眸及厚羊毛底下。每天我都會坐下來觀察，尋找發脹的乳房，或特別龐大，明顯懷著雙胞胎的身軀。但最主要，我只是想讓牠們在即將到來的臨盆混亂時刻前，熟悉我的存在，萬一我必須出手協助棘手的生產時，才不會讓牠們無所適從。

有時候我處在地勢較高的地方，會看到農場的狐狸住客從牠的低窪住處現身，在糾纏一起的下方田野伏低身子、豎起耳朵，悄悄匍匐潛行。牠會突然一個縱身，跳進一叢雜草裡，然後帶著一隻肥美多汁的田鼠出現。牠會刻意將田鼠藏在草叢裡，然後繼續獵食，抓到幾隻後，把牠們放在不斷增生的田鼠堆上。當找不到獵物時，牠會返回田鼠堆，一隻隻搬到新地點，繼續狩獵。烏鴉在高空盤旋，希望能從不受保護的藏匿物裡偷一杯羹，但母狐狸很狡猾，總是不會跑開太遠，以便必要時可以立刻趕回去，嚇退俯衝下來的烏鴉。經過三次搬動不斷增加的獵物後，我看著牠一口咬起所有田鼠，鼠尾巴從齒間垂下，偷偷摸摸地把田鼠全帶回森林裡的洞穴。我希望在春天能看見幼狐們。

　　屋內壁爐裡生著火，窗戶因為薄霧而閃亮。靴子在爐台旁取暖，襪子掛在上方的架子上，我們在平靜的廚房裡閒聊時，屁股則靠近烤箱門。緩慢的冬季，適合長時間的細細烹調，廚房的爐台上，很少時候沒有一鍋以文火滾煮的高湯，或是一鍋在低溫烤箱裡烤煮的燉菜。我愛死了因密布降霜而愈發甜美的深綠灰羽衣甘藍和甘藍菜，所煮出的暖胃舒心系冬季料理。我們帶回一大把銀藍色韭蔥，在水槽裡沖淨，稍微粗切，加入深黑羽衣甘藍和西班牙辣香腸一起燉成深綠濃湯，最後再淋橄欖油上桌。若是粗韌部位的肉塊則溫柔煨煮數小時，直到腴滑且入口即化，再置於一大份奶香四溢的薯泥上。以季節烹調來說，冬天或許是相對匱乏的季節，但我想，這一章裡的食譜，較之其他季節是我個人最偏愛的。這是一個烹煮療癒食物的好時節，營養與溫度是主要目標，我希望這些食譜，能在許多方面為你帶來滋養。

蟹肉香烤麵包佐茴香血橙

CRAB TOAST with fennel & blood orange

住在多塞特郡海岸邊，我們很幸運能輕易取得一些非常特別的新鮮螃蟹。螃蟹極具永續性，此地沿岸比比皆是，捕獲量遠超過歐洲，出口量勝於內銷。但最重要的是，我們以籠具捕撈的方式，較具篩選性，可以直接把體積太小和母蟹放生，尤其和破壞力令人難以置信的拖撈和拖網方式相較，幾乎沒有副漁獲。這裡一家在地農產食材店販賣煮熟挑好的即食蟹肉，是帶回家就能直接享受的美味，畢竟最麻煩的步驟已經解決了。

春天時，我喜歡用蟹肉做義大利燉飯（請看第126頁），夏日則改用細扁麵，但在冬天，我們會充分利用盛產的柑橘，將大量以巴西里和檸檬調味的蟹肉，抹在滿是奶油香的烤麵包上，再配上這道新鮮、生氣勃勃的茴香血橙沙拉。製作簡單，賞心悅目。

2人份的主食或4人份的前菜

· 1隻蟹，挑好蟹肉
（包括白肉與棕肉）

· 2大匙自製美乃滋
（請看第307頁）
或者優質市售品

· 1顆檸檬

· 1把新鮮巴西里

· 2顆血橙

· 1顆茴香頭

· 1顆紅菊苣
或特拉維索菊苣

· 橄欖油

· 1把新鮮巴西里或龍蒿

· 溫熱奶油烤麵包，
上菜時用

將棕色蟹肉和美乃滋放進大碗裡，擠入少許檸檬汁（先只用1/3顆檸檬）拌勻。蟹肉和美乃滋應該呈現出完全融合、近乎完美的醬汁質地。細切巴西里，和白蟹肉、一小撮鹽和大量黑胡椒，放進另一個碗裡，輕輕攪勻。試味道並調整，這時嘗來應該夠美味了，但或許還可以再加一點檸檬汁和鹽。

以利刀切除血橙外皮，去白色橘絡，切成瓣：沿橘肉白線分切，就能切出美麗的果肉瓣——這是個執行起來很有成就感的過程。將血橙瓣連同砧板上殘留的汁液，放入一大碗中，再細細片入茴香。放進撕成片的紅菊苣，淋上優質橄欖油，再加些許檸檬汁、鹽和黑胡椒，混拌均勻，扔進切碎巴西里。在塗上奶油的熱烤麵包上，鋪排厚厚一層蟹肉，配上沙拉和一片檸檬，就能開吃享用。

尼斯洋蔥千層塔

PISSALADIÈRE

這會是一道你可以收編為拿手菜班底的食譜，而且極好運用變化。雖然名氣頗響亮，但被一般家庭指名製作的頻率遠不及它應該受到的垂青。其實如果你和我一樣，直接買市售千層酥皮來製作的話，那簡直易如反掌。尼斯洋蔥千層塔的美妙在於，下方鋪排甜美無敵的洋蔥底，與上頭鹹鮮鯷魚和橄欖之間的反差對比（編按：餡料外露或鋪上去的為「塔」，包餡的為「派」）。這菜還真沒什麼訣竅，就只需要耐心和時間，好好地把洋蔥煮到軟甜。我一般會烤這道塔搭配飲料，做為晚餐前的小點，總是風捲殘雲似地掃光，但若搭個簡單沙拉，也能是清鮮怡人的輕食午餐。

10人份的開胃菜或4到6人份的輕食午餐

· 10顆大洋蔥
· 50克奶油
· 3大匙橄欖油
· 1張千層酥皮
· 3罐鯷魚
· 1瓶去核卡拉瑪塔橄欖瀝乾後約160克
· 1顆蛋
· 1小把新鮮百里香葉

洋蔥切成細絲，將奶油和橄欖油放入厚底大鍋，奶油融化後，下洋蔥絲、少許水和一大撮鹽。中火翻炒大約30分鐘，直到洋蔥變得柔軟香甜，但請務必小心避免燒焦而沾黏鍋底。完成時熄火放涼（我通常會在前一晚進行這個步驟）。

以攝氏200度對流模式預熱烤箱。

將酥皮放在烘焙紙上擀開，置於淺烤盤上。在距離酥皮邊緣約兩指寬的地方，以利刀在四邊劃出框線，切勿切到底。這條線能讓框外的酥皮膨得比內餡高，自然形成漂亮的塔殼。將洋蔥沿著切線鋪於方框內，注意不要溢出。將鯷魚以對角斜線的方式交錯鋪在洋蔥上，形成菱格紋。以水稍微沖洗橄欖後甩乾，在每個菱格中央放一顆橄欖。蛋打散，輕刷酥皮邊界，入烤箱烤大約30分鐘，直到酥皮邊緣膨起，染上金黃色澤。

從烤箱取出，撒百里香葉，趁熱享用。

烤金山乳酪佐瑞士甜菜和粉紅冷杉蘋果馬鈴薯

BAKED VACHERIN with Swiss chard & pink fir apple potatoes

烤金山乳酪通常會被安排在最後才上菜，做為乳酪拼盤裡令人興奮的要角。但我喜歡讓它站在舞台中央成為主菜，或是一道共享的開胃菜，讓眾人可拿取各種美味食材蘸裹這款風味前衛的爆漿乳酪。

新馬鈴薯（編按：new potato，春天才有的幼齒馬鈴薯）是一定要的，我愛死粉紅冷杉蘋果馬鈴薯的甜脆，但任何品種都能勝任。瑞士甜菜（編按：又稱牛皮菜）和金山乳酪是絕配，充滿礦物質的大地氣息和乳酪極其相得益彰。麵包自然是關鍵，酸黃瓜也是，來點火腿很可以，但絕非必需，再配上芥末味十足的青綠苦苣就太讚了。

2人份的飽足主菜
或4人份的前菜

· 1盒金山乳酪，不取出

· 500克粉紅冷杉蘋果
  或近似的馬鈴薯品種

· 50克奶油

· 1小把蝦夷蔥

· 400克瑞士甜菜

· 橄欖油

· 1/2顆檸檬擠出的汁液

· 1根法棍

· 少量酸黃瓜

· 火腿（可省略）

· 1顆綠捲鬚生菜，
  和些許紅菊苣或苦苣

以攝氏160度對流模式預熱烤箱。

移除乳酪盒裡裡外外的所有包裝，再將乳酪放回盒子裡。在乳酪上方戳幾個洞。有些人喜歡在洞裡填入幾株百里香或幾粒蒜瓣。蓋上盒蓋，送入烤箱烤約30分鐘。測試烤好的方法是：輕輕搖晃盒子，中間很明顯是融化狀態即可。烘烤乳酪的同時，將馬鈴薯放進鍋裡，注入溫水蓋過，調味並加熱至微滾，煮到以刀插入感覺鬆軟的程度。瀝乾水分，放回原鍋，加入一大塊奶油、蝦夷蔥碎，再以鹽和黑胡椒大方調味。將稍大塊的馬鈴薯剖半，確實混拌以確保全數沾染奶油。原鍋上蓋，保溫靜置。

水煮馬鈴薯的同時，處理瑞士甜菜。將葉子從莖幹上剝除，莖幹切成約手指長的小段，煮滾一鍋以鹽調味的水，放入瑞士甜菜莖，煮3至5分鐘直到柔軟，再下葉子煮一兩分鐘。瀝乾，確定無水漬殘留，豪邁淋上橄欖油，再以鹽和些許檸檬汁調味。

烤箱加熱麵包，撕或切成丁塊。取出金山乳酪，置於托盤或大餐盤中央，周邊放上馬鈴薯、瑞士甜菜、法國麵包丁、酸黃瓜、醃火腿（如果有準備的話），和菜葉沙拉。然後看是要挖、蘸或浸泡，愛吃多少就吃多少。

烤南瓜佐莫札瑞拉乳酪、鼠尾草和榛果

ROAST PUMPKIN, BUFFALO MOZZARELLA,SAGE & HAZELNUTS

這道烹煮完美的季節蔬菜，以乳酪為底，再配上香草和酥烤堅果這樣的搭配形式，是值得獲取的實用食識。我學習成長最多的餐廳 Noble Rot，菜單上永遠有這道菜的某個版本，不管是秋天的羅斯科夫洋蔥、春天的卡爾喬特大蔥和西班牙烤紅椒堅果醬，或是冬天的皇冠大南瓜。

烹煮如此簡單的菜色時，最重要的當然是先入手在地、依其所屬季節種植，並以愛照顧的優質食材。這道菜裡，南瓜烤到糖分焦糖化，酥烤堅果浮誇地襯托出南瓜的堅果香，鮮活的檸檬使其奔放跳躍，而接地的鼠尾草再將它拉回地表。

4人份

· 1顆南瓜（皇冠大南瓜是我最愛的品種）

· 6大匙橄欖油

· 50克去皮榛果

· 12片鼠尾草葉

· 250克水牛乳製莫札瑞拉乳酪

· 1顆無蠟檸檬

以攝氏200度對流模式預熱烤箱。取一淺烤盤鋪上烘焙紙。

略刷洗南瓜，切成楔形塊狀和3大匙橄欖油拌勻，以鹽調味，鋪排在烤盤上，烘烤約30至40分鐘，直到呈現焦糖色澤且質地柔軟。完成時，取出南瓜，刮除南瓜籽（我發現烤後再去籽容易許多）。

烤南瓜的同時，將榛果放進適用烤箱的小鍋具，一起烘烤約10分鐘直到金黃酥脆後，快速取出。倒入研缽裡輕輕搗磨。取一平底鍋以中火加熱，入3大匙橄欖油。油微滾時，放入鼠尾草葉油炸30至60秒，直到香酥，移到鋪有廚房紙巾的盤子上。

盛盤時，撕些適量莫札瑞拉乳酪放在各個盤子裡，上頭堆疊幾片南瓜塊，豪邁淋上橄欖油，以榛果、鼠尾草，些許檸檬皮屑和檸檬汁點綴調味。

香料雞肝與炙烤紅蔥頭普切塔

SPICED CHICKEN LIVER & GRILLED SHALLOT BRUSCHETTA WITH CHIVES

我視雞肝為通往內臟世界的入口，濃郁甘甜，且有入口即化的滑嫩。我個人對這食材永遠不嫌多，但並不是一開始就是如此。我奶奶是荷蘭人，食物是她靈魂的一部分，而廚房是她的工作室——她就是個不折不扣的藝術家。如果閉上雙眼，我能輕易聞到她香料櫃的氣息，清楚看見她冰箱裡那罐自製接骨木花甜漿，蓋子黏忽到，對我們這些小孩來說簡直像鎖死了一樣。我想念她的咖哩條紋櫛瓜濃湯和辣雞翅，用Aga烤箱烘烤要配著熱可可吃的肉桂麵包，還有她閃亮亮的眼睛和會意的笑容。她總是非常樂在其中地欣賞我們面對孜然雞肝、牛舌和惡魔羊腰，那副扭動不安的模樣，還要我們把盤子清空，不然不准離開飯桌。我學著趁熱狼吞虎嚥，但我固執的弟弟們就犯下讓菜放到涼的錯，換來在餐桌旁呆坐數小時的命運，而奶奶則坐在旁邊玩填字遊戲。不過，我其實滿開心的，因為我現在可是各種喜食肝臟料理的狂熱分子。所以這道菜就是用來向她致敬，敬那些她傳給我媽，如今再傳給我的做菜技藝和態度。

4人份

· 8顆圓中型紅蔥頭
　（不是用來醋漬的迷你款）

· 2大匙橄欖油

· 400克雞肝

· 1大撮五香粉

· 1小撮丁香粉

· 1/2顆肉豆蔻

· 3瓣大蒜

· 幾根新鮮迷迭香

· 40克奶油

· 少量白蘭地或馬德拉酒

· 100毫升雙倍乳脂鮮奶油

盛盤用

· 4片上好麵包
　（拖鞋麵包或酸種麵包）

· 1小把新鮮蝦夷蔥

以攝氏220度對流炙烤模式預熱烤箱。

紅蔥頭去皮剖半，於一小淺烤盤上鋪排成一層，淋些許橄欖油。調味後放入烤箱，烤約30至40分鐘，直到質地柔軟並焦糖化。幾處微焦無妨，就是不要過焦。從烤箱取出，置旁放涼。

略沖洗雞肝並擦乾，修除所有肌腱，粗切成一口大小，放入大碗，加香料、磨進肉豆蔻，以鹽和黑胡椒調味後攪拌均勻。蒜切成細片，迷迭香也切碎。

此時紅蔥頭應該已經放涼，將其一瓣一瓣分開並試味道，必要的話再下點鹽。接著開始烤麵包。另外以中火加熱大炒鍋，丟入奶油，再下蒜片和迷迭香，稍微煸香。在大蒜變色前放進雞肝，立刻轉大火，兩面稍微爆炒一分鐘使其上色，產生焦糖化效果的同時，也讓雞肝內裡保持粉紅色澤。放入毛蔥，倒入白蘭地，再翻炒一陣。讓白蘭地揮發幾秒鐘，接著倒入鮮奶油拌勻。以奶油塗抹烤麵包，大方地舀上雞肝，飾以蝦夷蔥碎，趁熱

享用。這一味搭配瑪芬餐包、綿密玉米糊、義大利麵,或
甚至攪打成粗粒雞肝醬都同樣美味。

義 式 培 根 菠 菜 綠 扁 豆

PUY LENTILS with spinach & pancetta

我愛極了法國勒皮綠扁豆（Puy lentils）──它們超健康，富含蛋白質，同時更是混搭各種風味最棒的基底。我發現它和上好香腸與芥末味的蒜泥蛋黃醬特別對味，不過配上香煎魚片與綠莎莎醬，或慢烤羊肉與鯷魚也一樣美味。

這裡的配圖，搭配的是高溫烤到微焦香甜的南瓜，最後飾以山羊乳酪。絕佳組合無誤，但這個食譜主打的是綠扁豆。若最後有任何剩餘，只要在淋上些許辣油，再磨點帕瑪森乳酪，就是最棒的義大利麵醬汁，或者也可以加點水稀釋，添點咖哩粉，變身咖哩扁豆湯，那是我奶奶的舊愛之一。

6人份

· 1顆大洋蔥

· 1根韭蔥

· 2根紅蘿蔔

· 3根西洋芹

· 4大匙橄欖油

· 150克切碎義式培根
  （pancetta，可省略）

· 1大杯白酒

· 500克法國勒皮綠扁豆

· 5片月桂葉

· 幾根新鮮百里香

· 1公升雞高湯
  （請看第306頁）
  或蔬菜高湯或水

· 500克菠菜

· 1大尖匙第戎芥末醬

· 1大把新鮮巴西里

細切洋蔥、韭蔥、紅蘿蔔和西洋芹。取一大鍋具，加熱橄欖油，放入蔬菜和義式培根（如果有使用的話）。邊煮邊調味，慢煮15至20分鐘，直到軟甜。

倒入白酒略煮至酒精揮發，稍微在濾篩裡沖洗綠扁豆，倒入鍋子裡充分攪拌。接著放月桂葉、百里香和剛好淹過綠扁豆的高湯量。加熱至微滾後，續煮30分鐘，直到扁豆軟化並開始繃裂，但仍保有一點咬感。扁豆煮好時下菠菜，煮到接近縮水，離火，調入芥末醬和巴西里碎。攪拌均勻後試味道──多半還需要加不少鹽和黑胡椒，以及更多芥末醬，所以請視情況調整。只要確定妥當復熱，扁豆能在冰箱裡保鮮數日。

沙丁魚煙花女義大利麵

SARDINE PUTTANESCA

煙花女義大利麵是完全使用儲藏櫃的食材就能完成的料理——所有食材不是來自罐頭就是玻璃瓶，也是我一直以來的最愛。其濃郁、酸香與鹹鮮的完美結合，充滿力道，滋味無窮。一般有紅辣椒、一些大蒜和底韻深沉的鯷魚，但這個版本還有罐頭沙丁魚的加分之下，搖身一變為不用外出採買、短時間就能搞定的飽腹菜色。風味濃麗，製作簡單，可以期待鍋被掃光、碗被舔淨的場面。

5人份

· 1顆大紫洋蔥

· 橄欖油

· 5瓣大蒜

· 1小匙紅辣椒碎

· 8片鯷魚

· 1大匙番茄糊

· 2罐400克李子番茄罐頭

· 80克酸豆

· 140克去核卡拉瑪塔橄欖

· 30克奶油

· 1/2大匙糖

· 2罐優質沙丁魚罐頭

· 500克義大利麵

· 1小把新鮮巴西里

細切洋蔥。取一厚實鍋具，入足量橄欖油和一大撮鹽，將洋蔥炒至柔軟香甜。大蒜切碎，連同紅辣椒碎和鯷魚加入炒好的洋蔥裡，慢炒數分鐘，用木匙壓碎鯷魚，直到細碎並和油脂完全合體。接著加番茄糊略煮一分鐘，再倒入罐頭番茄，用清水沖洗罐頭裡的殘留，將洗罐的番茄水約一半的水量倒進鍋裡，慢滾20分鐘，時不時攪拌，直到醬汁收汁變濃稠。

此時，過濾酸豆和橄欖，在水龍頭下沖洗，甩乾水漬，連同奶油一起加入醬汁裡混拌，續煮數分鐘，好讓風味與醬汁完全融合。試味道，加鹽時務必特別小心，畢竟多數食材都自帶相當的鹹味。加糖中和一下酸味。瀝出沙丁魚，放入鍋裡，輕柔拆解，我不喜歡將它們搗得太碎，熄火。接著開始煮義大利麵。

煮麵的大鍋水記得確實以鹽調味，將麵煮至彈牙口感。麵條接近完成時，重新加熱醬汁，撈出麵條之前，預留一杯煮麵水。將醬汁拌攪入麵條的同時，一點一點慢慢加入煮麵水。撒上新鮮巴西里碎，再次混拌，淋上些許上好橄欖油後上桌。

深綠義大利麵

DEEP GREEN PASTA

冬天時，我渴望提振精力的綠葉蔬菜，就像菠菜之於卜派。這道食譜十分美味，一鍋到底只需15分鐘，而且剛好是純素……還需要我再多說什麼嗎？我特別愛用這款醬汁拌義大利麵，但是，如果舀一大匙添進即將起鍋的義式燉飯、或拌進白豆裡、或在烤麵包上抹厚厚一層再放顆蛋，甚至調成沙拉醬汁，都一樣可口。簡單得令人振奮，又營養得不得了。

4人份

· 250克黑葉羽衣甘藍

· 2至3瓣去膜大蒜

· 200克菠菜

· 400克水管麵

· 100毫升橄欖油

· 1顆無蠟檸檬

· 瑞可達、帕瑪森
  或佩科里諾羊奶乳酪，
  盛盤用（可省略）

取一大鍋注八分滿水，加熱至沸騰，以鹽調味，直到能嘗出鹹味。放入黑葉羽衣甘藍和大蒜，慢滾約5分鐘。再下菠菜煮軟，約莫片刻可完成，讓水保持大滾狀態，將綠葉蔬菜和大蒜撈出，置於濾盆，以水龍頭清水沖綠葉，瀝乾。將水管麵放入滾水裡。

綠葉蔬菜濾乾水漬後，舀入高速調理機（Nutribullet或Vitamix皆能勝任），倒入橄欖油、刨進檸檬皮屑，打成滑順的糊醬，必要時可以灑點煮麵水稀釋。試味道並做適當調整。

將水管麵煮至彈牙口感，預留一馬克杯的煮麵水，再倒水並濾出麵條。將麵條放回熱鍋裡，加幾大匙蔬菜糊，大方點無妨。灑入適量煮麵水，拌均勻，沿著鍋緣用力攪打，稠化醬汁，使其全面如毛毯似地圍裹住管麵。盛盤後擠些許檸檬汁，可依喜好磨點瑞可達、帕瑪森或佩科里諾羊奶乳酪，最後淋上橄欖油，趁熱享用。

鷹嘴豆義大利湯麵

PASTA E CECI

第一次嘗到鷹嘴豆義大利湯麵，我就徹頭徹尾愛上。之後好幾個月，動不動就做來享用，不管是風味或口感都極度療癒。冒著冒犯義大利表親們的風險，我認為它撫慰人心的效果，堪比成人版焗豆烤麵包片。看你人在義大利哪個地區，鷹嘴豆義大利湯麵在不同地區，有相差十萬八千里的詮釋。

較簡貧的南方，自是以最單純的樣貌出現，用無蛋義大利麵、鷹嘴豆，或許再加點番茄製作。若往北去到較富有、物產也豐饒的地域，會在混炒蔬菜醬汁裡加入鯷魚，還有口感豐腴的雞蛋義大利麵，和大量的義式培根。不管哪種形式我都愛，尤其是有培根加持的版本，當然也要依季節、用餐對象及冰箱食材而定。我多半會加一些奢華點的食材，但在這裡，我想分享最質樸無華的作法，讓你知道究竟可以多美味。我唯一的要求是：請務必使用上好的瓶裝即食鷹嘴豆。

4人份

- 3瓣大蒜
- 1顆洋蔥
- 1根韭蔥
- 1根紅蘿蔔
- 4大匙橄欖油
- 1小撮紅辣椒碎
- 2根新鮮迷迭香
- 3片月桂葉
- 1大匙番茄糊
- 400克李子番茄罐頭
- 700克優質即食鷹嘴豆
- 350克煮湯用小型義大利麵（如：頂針麵或通心粉）

細切大蒜、洋蔥、韭蔥、紅蘿蔔。取一寬口厚實大鍋具，倒入橄欖油，下大蒜、紅辣椒碎、整根迷迭香和月桂葉，點火加熱。這麼做能讓大蒜等辛香食材，在熱油的過程中慢慢染香油脂而不燒焦。幾分鐘後，大蒜會發出嘶嘶聲，在它變色前，加入洋蔥、韭蔥和紅蘿蔔，並以適量鹽調味。將洋蔥等煮到軟香可口，約10分鐘，接著倒入番茄糊，拌勻後稍煮幾分鐘。

用剪刀盡所能將罐頭裡的番茄剪成丁塊。我偏好用風味更上乘的李子番茄，而非丁塊番茄。將剪好的番茄塊倒入鍋中，用少許清水沖一下罐頭內殘汁，將番茄水一併倒入鍋裡。煮至微滾，倒入一半鷹嘴豆後煮約15分鐘，讓食材風味你儂我儂地大融合，將另一半鷹嘴豆倒入研磨缽或食物調理機，打成泥醬後倒入鍋裡。

在義大利麵接近完成前幾分鐘，撈起倒入醬汁鍋，加一小匙煮麵水同煮，直到麵條達到彈牙口感，試味道並做適當調整。舀入湯碗，淋上橄欖油即可上桌。

甘藍菜培根馬鈴薯湯

CABBAGE, BACON & POTATO SOUP

一碗醇厚紮實的湯品，熱氣蒸騰有著煙燻培根、深綠捲葉甘藍菜、鬆軟到快化開的馬鈴薯。這道令人飽足的農家菜，身世久遠到不可考。當冬天的酷寒進駐、長靴滿是泥濘、手指被凍僵、雙頰被冷風刮得通紅，這是那種你返家的時候，渴望吃到的食物。這時你只需要再來杯烈一點的司陶特啤酒（Stout），和一塊脆皮麵包，就能讓你從裡到外暖和起來。如此簡樸的菜，食材品質自是成敗關鍵——我建議自熬高湯，買顆鮮綠的捲葉甘藍和天殺的美味培根。

4人份

· 250克煙燻五花培根

· 橄欖油

· 4瓣大蒜

· 3至5株新鮮百里香

· 2顆大洋蔥

· 2顆烘烤品種馬鈴薯

· 1杯白酒

· 1.2公升上好雞高湯
（請見第306頁）

· 1顆捲葉甘藍菜

· 1大把新鮮巴西里

· 2/3顆肉荳蔻

· 麵包和奶油，搭餐用

去除培根皮，切成好看的厚塊狀，放入一只厚實寬口鍋，淋些許橄欖油，以中火加熱。大蒜切薄片和百里香一併入鍋，不疾不徐地溫柔慢炒，目的不是追求上色或焦糖化，而是逼出培根的油脂，使其沾染大蒜、百里香的香氣。趁著仍在煸香時，將洋蔥切細絲加入熱鍋裡，以鹽調味炒約10至15分鐘，炒到洋蔥甜軟可口。煸炒洋蔥時，將馬鈴薯去皮，切成大丁塊。當洋蔥開始上色，倒入白酒，以木匙輕刮鍋底，刮掉黏底的焦香物。當白酒蒸發後，放入馬鈴薯和高湯。

捲葉甘藍菜個頭有大有小，所以很難提供精準分量。但就直接開始動手剝下葉子吧，撕成大塊放入鍋裡。你需要遠超過馬鈴薯的量，因為甘藍菜是這道湯的主體。再次調味，蓋上鍋蓋加熱至微滾。當甘藍菜放鬆地在湯裡載浮載沉時，掀鍋蓋，讓湯繼續和馬鈴薯滾煮，直到兩者都熟軟為止。切碎巴西里，加入鍋裡，磨進肉荳蔻，拌一拌再試味道，視情況微調。舀入大湯碗，配上抹上厚厚一層奶油的麵包享用。

康提乳酪洋蔥塔

COMTÉ CHEESE & ONION TART

我小時候曾跟著家人開車橫跨法國，有段美好的回憶。塞滿直到車頂的提袋和行李，腳在後座糾纏在一起，和狗狗爭奪座位。時不時，我們會停在某個小村莊，於在地的麵包店或餐廳買些吃的，當然要看店裡當時有的品項。我們最常吃各式各樣的法式鹹派、滿滿奶油香的可頌，或火腿與法棍。在這些選項裡，永遠是乳酪洋蔥塔贏得我的最終注目，有時加了培根，有時只有洋蔥，蛋奶汁把大量慢煮洋蔥兜在一起。這塔配上芥末氣息的綠沙拉，是特別飽足又美味的冬日午餐擔當。

6至8人份

· 奶油酥皮
（請看第309頁）
或一張市售品

· 1顆蛋，打散

填餡

· 5顆大洋蔥

· 50克奶油

· 1小杯白酒

· 幾株新鮮百里香

· 120克康提乳酪

· 150毫升全脂鮮奶

· 150毫升雙倍乳脂鮮奶油

· 3顆蛋

洋蔥切細絲，和奶油一起下鍋，以鹽調味。蓋上鍋蓋，慢慢煮個30分鐘，時不時攪拌直到洋蔥甜軟無比——一點點焦糖化無傷大雅，但切忌燒焦。洋蔥煮好時，以白酒洗鍋溶解焦香殘渣，煮到酒汁收乾，熄火。

以攝氏170度對流模式預熱烤箱。

料理枱上飄撒手粉，將酥皮擀開至3毫米厚。拿起擀好的酥皮鋪在直徑約25公分、底部可拆除的塔盤上，從邊緣取一小塊麵團，用它將所有麵團輕壓到烤盤底，外緣留下些許懸垂的麵團。拿叉子在塔皮上四處戳洞，置冷凍庫冰鎮20分鐘。取出後，在底部鋪上烘焙紙，倒入盲烤專用焗豆，將塔盤置於一淺烤盤上，入烤箱烘烤15至20分鐘，直到酥皮變得堅實。取出焗豆和烘焙紙，酥皮刷上蛋液，放入烤箱再烤10分鐘直到表面金黃。以鋸齒刀修整多餘酥皮。

剝下百里香的葉子，粗刨康提乳酪，取20克置旁備用。將另外100公克的乳酪和鮮奶、雙倍乳脂鮮奶油、蛋和百里香，放入一只大碗，充分攪拌，以鹽和黑胡椒調味後，倒入洋蔥拌勻。將百分之八十的洋蔥蛋奶液倒入烤好的酥皮殼裡，放入烤箱前，先確定洋蔥平均分配於各個角落。塔盤入烤箱後，再小心倒入最後百分之二十的蛋奶

液，確認沒有汁液從塔緣滲出。撒上預先保留的乳酪，
烘烤約30分鐘，直到上方開始染上焦糖色澤，塔中間質
地堅實（可以輕輕搖晃塔盤測試）。取出放涼約15分
鐘，再將洋蔥塔小心取出塔盤，切片，與味道辛鮮的沙
拉搭配食用。

南 瓜 、 菠 菜 和 莫 札 瑞 拉 乳 酪 千 層 麵

PUMPKIN, SPINACH & MOZZARELLA LASAGNE

這是一道濃郁溫暖，以菠菜白醬和莫札瑞拉乳酪層層堆疊的烤南瓜千層麵。成品有著鮮亮橘色和青鮮墨綠完美的對比，並具備大地的甜美氣息與滿滿的礦物質活力，還有肉荳蔻和檸檬皮屑發出的竊竊私語，為料理增添不少生氣。我常用山羊乳酪來替換，它那帶著發酵氣息的鹹香和南瓜特別合拍。傳統千層麵製作上挺花時間，但比起需要加入波隆那肉醬和白醬的經典版，這個食譜算相當簡單，很值得一試。

6人份

· 1顆南瓜
· 6大匙橄欖油
· 3瓣大蒜
· 800克菠菜
· 1顆無蠟檸檬
· 500克新鮮千層麵片
· 400克莫札瑞拉乳酪
· 少許帕瑪森乳酪

白醬

· 70克奶油
· 70克中筋麵粉
· 1公升全脂鮮奶
· 2片月桂葉
· 1/2顆肉豆蔻

以攝氏200度對流模式預熱烤箱。

南瓜去皮剖半，取出籽。切成約1公分的小方塊，平整鋪放於約35公分長、25公分寬的淺烤盤上。淋上4大匙橄欖油，調味後拌勻。入烤箱烘烤約20至25分鐘，直到鬆軟並染上淺焦糖色。烤南瓜時處理大蒜，切薄片放入大鍋裡，以2大匙橄欖油低溫慢煸。在蒜片變色前放入菠菜（可能得分批進行），調味，快速將其煮軟後，移到果汁機或食物調理機裡，但別急著攪打，得等它放涼，這個空檔可以製作白醬。

取一鍋具以低溫融化奶油，加入麵粉攪拌數分鐘，這時應該會變稠，呈現深棕餅乾色澤，一點一點慢慢加入鮮奶，不斷攪拌以免結塊。放進月桂葉，磨入肉荳蔻。一直攪拌到鮮奶稠化成可以附著在湯匙上的濃腴醬汁，調味，熄火。

將白醬加入菠菜，刨點檸檬皮屑，再擠些許汁液添入，攪打至滑順，試味道。

取一口鍋具，注水煮滾，以鹽確實調味，分批煮千層麵片，每次1至2分鐘，取出後泡入冷水裡以阻斷餘溫烹調。放涼後，移到托盤上，麵片正反兩面塗上薄油，以免互相沾黏。

趁著組合千層麵時，調高烤箱溫度至攝氏220度對流模式。首先，鋪一層白醬，接著鋪一層千層麵片，隨機擺放南瓜丁、手撕莫札瑞拉乳酪和少許帕瑪森乳酪，以此順序重覆堆疊。鋪每一層麵片時，都記得往下按壓。最後，再鋪上一層麵片和厚厚的白醬。

　　放入烤箱，烤約20至30分鐘，直到表面染上金黃色澤，務必小心避免烤焦。讓千層麵放涼15分鐘再開動。這道絕對是大贏家——好好享用吧！

蛋咖哩佐椰子參峇辣醬和扁麵包

EGG CURRY with coconut sambal & flatbreads

假如你從來沒吃過蛋咖哩，請容我來引薦。這菜是啟動任何冬日的理想開關，療癒又溫暖，有足夠的能量和香料，讓你的一天活力充沛。

這道菜的靈感來自斯里蘭卡和南印度的蛋咖哩，以濃郁甘甜的椰奶為基底，少量番茄帶來些許酸味，大量的薑和綠辣椒補足溫暖辣勁。用椰子刨絲、香草、萊姆和辣椒製作的椰子參峇醬，算是斯里蘭卡國民小食，為這道濃烈的咖哩帶來可喜的清新。傳統上使用新鮮刨下的椰子絲，但我發現只要稍微灑點水喚醒乾燥椰絲的話，也是很理想的取代。這道咖哩我偏好大辣，總愛全下連皮帶籽的鳥眼綠辣椒，但若你希望調降辣度，就把籽去掉，至於參峇辣醬就大手大腳地加萊姆吧！奔放的清新活力是其本色。宜搭配扁麵包或印度煎餅食用。

4人份

咖哩醬

- 3瓣大蒜
- 2段姆指長的生薑
- 1大匙椰子油
- 5顆綠荳蔻莢
- 1/2根肉桂
- 2小匙芫荽籽
- 1小匙薑黃粉
- 1/2小匙芥末籽

咖哩基底

- 1顆大洋蔥
- 2顆綠辣椒
- 1大匙椰子油
- 10片新鮮咖哩葉
- 1罐400克李子番茄
- 1罐400毫升椰奶
- 8顆蛋

先製作咖哩醬。拍裂大蒜並去膜，薑也同樣削皮後粗切。取小鍋加熱椰子油，溫熱時放入香料、大蒜和薑，中火爆香，約一兩分鐘，務必小心避免燒焦。移到果汁機或食物調理機裡，加入些許清水高速攪打到呈泥醬狀。以鹽調味後，置旁備用。

再來是咖哩基底。洋蔥切細絲，對角斜切青辣椒成三段。取一厚實鍋具，加熱椰子油，油夠熱時放入咖哩葉和辣椒。快速翻炒直到發出嘶嘶聲，香氣四溢，放入洋蔥並以一小撮鹽調味，續炒約8至10分鐘，直到洋蔥絲邊緣，開始染上焦糖色澤。從罐子裡取出四顆番茄，入鍋壓碎——我知道不直接用掉一整罐，感覺有點怪，但整罐加入味道會太強烈。加入咖哩醬，煮約5分鐘，時時攪拌。接著倒入椰奶續煮15分鐘，直到味道大融合，汁液濃稠，試味道，視需要微調。

咖哩逐漸濃稠融合時，取一大鍋注水，煮至沸騰，放入雞蛋。目標是蛋黃有著果醬質地的溏心水煮蛋，計時7分鐘，時間一到，取出泡入冷水裡。接著剝蛋殼，將水煮蛋加進咖哩醬汁中。

椰子參峇辣醬

· 100克乾燥椰絲
　（或有鮮刨椰絲更好）

· 1顆小洋蔥

· 30克新鮮香菜

· 1顆綠辣椒（可省略）

· 1顆萊姆擠下的汁液

· 鹽和些許糖

盛盤用

· 溫熱扁麵包

　再來製作椰子參峇辣醬。將椰絲倒入一只湯碗裡，磨入洋蔥，灑些清水攪拌，視情況再加水，直到椰絲質地溼潤不乾燥。將新鮮香菜和辣椒（如果有用的話）切碎，和椰絲充分拌勻，小心拿捏辣椒的量。這時最好先試個味道，再加入大量萊姆、糖和鹽，直到你滿意為止。一點一點添入辣椒，直到最適合你的辣度。

　將咖哩舀入大碗裡，配上扁麵包，再加足量的椰子參峇醬。任何時間吃都美味無敵，特別是晚一點的早餐——如果想做為更飽足的午餐，就添點飯吧！

魚 派

FISH PIE

我想很難找到比一盤熱氣騰騰的魚派更舒心癒療的料理了。能禁得起時間考驗的經典，絕對有它的理由，總能直接讓我穿越時空回到童年。但就像許多懷念的好味道，值得花時間精心烹調，讓它發光發亮。

我對這道菜的建議是：放入派裡的生魚盡可能維持大塊，煮熟後將大變身成入口即化的多汁魚塊。有著煙燻黑鱈魚濃郁燻香、以少許檸檬皮屑修飾的醬汁，是所有餡料能好好融混一起的功臣。我喜歡加一大把巴西里和龍蒿，倒是這裡絕不會出現水煮蛋或橡皮口感蝦子的蹤影。最後，鬆軟如雲、奶香十足的薯泥，將和底下醬汁完美合體。當一切都精準演繹時，將成就一道極出色的料理。這派的分量不小，足以填飽一群人，或是分裝一半冷凍，以備不時之需。

8至10人份

· 550毫升全脂鮮奶
· 250毫升雙倍乳酪鮮奶油
· 2片月桂葉
· 數根新鮮百里香
· 1顆洋蔥
· 400克無染色煙燻黑線鱈
· 3根韭蔥
· 1公斤魚
　（我偏好用600克狹鱈
　及400克鱒魚）
· 20克新鮮巴西里
· 20克新鮮龍蒿葉
· 80克奶油
· 300克菠菜
· 40克中筋麵粉
· 150毫升白酒或苦艾酒
· 1顆無蠟檸檬

首先，將鮮奶和雙倍乳脂鮮奶油倒入寬口鍋中，放入月桂葉、百里香和切成四等份的洋蔥，磨些許黑胡椒，加熱到微滾，慢慢將香料的香氣煮進奶汁裡。五分鐘後，調降火力，放入黑鱈魚，文火煮魚約5分鐘，離火取出。趁著還溫熱，剝除魚皮，將魚肉拆解成大塊，小心剔除所有魚刺。

魚肉置盤上放涼，以濾篩將煙燻奶汁過濾到碗裡。將韭蔥切成2公分小圓塊。將鮮魚去皮去骨，切成大塊（可以請魚販代勞），將巴西里和龍蒿切碎。

將40克的奶油，放進剛才煮黑鱈魚的鍋子，文火融化，放入韭蔥，灑點水，以鹽調味。蓋上鍋蓋，慢慢並小心翼翼地將韭蔥煮至甜軟不變色。洗淨菠菜，加入炒軟的韭蔥中，再次調味，煮到菠菜幾近縮水，將鍋中蔬菜過濾篩，靜置使其瀝乾水分。接著，再將40克奶油放入剛清空的鍋子裡，以中火融化後放入麵粉拌炒。

略炒幾分鐘直到麵粉稠化，發出淡淡餅乾香氣後，倒入酒，攪拌均勻，一勺一勺將煙燻奶汁舀入鍋裡。每

薯泥

- 1.3公斤梅莉絲吹笛手馬鈴薯
- 250毫升全脂鮮奶
- 250克奶油
- 1大匙第戎芥末醬
- 適量葛瑞爾乳酪絲（可省略）

放一勺，記得完全攪拌後再繼續加，醬汁充分混勻後熄火。試味道，以鹽和黑胡椒切實調味，擠些許檸檬汁，再刨少許皮屑。它應該是無比美味的，所以請按部就班不疾不徐地製作。將菠菜、韭蔥、巴西里和龍蒿放入拌勻。

接下來製作薯泥。將梅莉絲吹笛手馬鈴薯（Maris Piper）去皮，切成相近大小丁塊，放入鍋裡，注水直到淹沒薯塊，開火煮至微滾，直到薯塊鬆軟能輕易以刀尖串叉起。濾出薯塊，在濾盆中以餘熱續蒸5分鐘。趁這空檔，將鮮奶和200克奶油放入一小鍋中，中火加熱使之融化，手搗馬鈴薯或用壓粒器壓成絨泥狀，加入奶油和鮮奶混拌均勻。以芥末和大量黑胡椒調味，試吃依需要再微調。這時候若有準備葛瑞爾乳酪絲（Gruyère）可加入。

以攝氏200度對流模式加熱烤箱。

可以開始組合盛盤了！將狹鱈、鱒魚及黑鱈魚肉塊，鋪在預計使用的烤皿底下，以鹽調味。倒入醬汁後，搖晃烤盤，使醬汁均勻分布整個盤底，接著開始小心鋪上薯泥，先從邊緣而非中間空降，慢慢地朝中心填滿。以叉子在薯泥上方劃出紋路，再將剩下的50克奶油隨機點綴其上。入烤箱烤約20至30分鐘，直到醬汁噗嚕噗嚕地滾，薯泥染上金黃色澤。趁熱氣蒸騰開吃。除了磨點黑胡椒以外，應該不需要其他調味了。

龍蒿韭蔥雞肉派

CHICKEN, LEEK & TARRAGON PIE

精心製作的雞肉派，絕對是人生超棒的一種享受。濃香腴美又療癒，每當農場需要幫手，這就是一道我會做來打動弟弟們前來助一臂之力的料理，他們都樂於為它赴湯蹈火。奶香四溢、酥到掉渣，以茴香調味的派皮，配上芥末氣息濃郁的韭蔥龍蒿內餡，是天堂滋味無誤。我喜歡用好一點的全雞，做兩份派足足有餘，多的一份凍起來，是雨天能拿出來輕鬆享用的絕佳好味。但如果你只想做足量就好，就用6至8隻雞腿，其他所有食材除以二。不算短的製作過程，但平靜有序，所以定下心來享受吧！最後結果絕對值得。（照片請看第71頁）

製作2個中型肉派
4人份／1個派

水煮雞肉

· 1隻上好全雞
（雞越好，派越香）

· 橄欖油，香煎用

· 1顆洋蔥

· 2根西洋芹

· 1根紅蘿蔔

· 3片月桂葉

首先，將全雞垂直對半切成半雞，這可請肉販代勞，但自己來非常容易。拿廚房專用剪刀沿著脊椎一側往下剪，類似用蝴蝶片法處理去脊攤平全雞，以同樣手法再沿著雞胸一路切下即成。在雞肉周身豪邁撒鹽，靜置約一小時，讓鹽滲入肉裡。一小時後，取一足以同時容納兩片半雞的厚實鍋子，倒些油，開火加熱。油微冒煙時，將兩片半雞煎至兩面通透金黃——越多焦糖色越理想。如果手邊沒有能同時容納兩片半雞的鍋具，就分批處理。雞肉煎香後，略切煮高湯的蔬菜，連同月桂葉一起放入鍋裡，注水淹過雞身。以鹽調味，加熱直到微滾後蓋上鍋蓋，煮約30分鐘，直到雞肉剛好熟透。

雞肉煮熟後，從鍋裡取出，置旁放涼。溫度不燙手時（我通常會戴塑膠手套），剝下雞肉放在一個大碗裡，每個骨頭旁縫隙都不放過。我喜歡加入雞皮，但你若不愛，就把皮和其他骨架、軟骨之類的一起放回高湯鍋，開火加熱，趁著進行其他程序的時候，慢慢滾煮，把所有骨筋精華全都熬煮出來。高湯是這道派醬汁的靈魂，所以必須得熬好。

肉派

· 3根西洋芹
· 3根大韭蔥
· 6條煙燻培根
· 30克奶油
· 600毫升水煮雞肉的湯汁
· 50克中筋麵粉
· 1大杯（150毫升）白酒
· 200毫升雙倍乳脂鮮奶油
· 1大尖匙第戎芥末醬
· 20克新鮮龍蒿
· 1顆蛋
· 2張全奶油千層酥皮
  或自製極簡版酥皮
  （請看第310頁）
· 茴香籽

將西洋芹垂直剖半後切小段，再將韭蔥切成2公分圓塊，培根去皮後切小塊，和奶油一起放入鍋中，加熱煏出所有油脂，下西洋芹、韭蔥和一勺雞高湯，蓋上鍋蓋，徐徐將蔬菜煮至柔軟。小心別破壞韭蔥的形狀，盡量保持原型。

此時可以濾出雞高湯，舀出600毫升，試味道，視情況加鹽。將麵粉加入韭蔥裡混拌，略炒幾分鐘，直到麵粉散發淡淡餅乾香氣，倒入酒，攪拌成一粉團，接著一勺一勺循序舀入高湯，每次確實拌勻後，才續加另一勺，如此才能確保醬汁沒有粉塊。雞高湯加完後熄火，倒入雙倍乳脂鮮奶油，放入雞肉、芥末醬和龍蒿碎。混拌均勻後試味道，微調到完美為止。你可能會想多加一點芥末，但務必小心，它常會喧賓奪主。

餡料足夠做兩個中型肉派，我把四人份的量舀進派盤裡，剩餘放在另一個烤盤凍起來，成了蓋上派皮就能直接烤的半成品，簡直是冰箱裡最不可多得的美味救援。以攝氏200度對流模式預熱烤箱。蛋打散，刷在派盤圓周，蓋上擀開的酥皮，邊緣壓出皺褶，我喜歡留下寬寬的酥皮垂墜，但若還有多，可以拿來做成派皮上的裝飾。刷上薄層蛋液，撒上茴香籽，再以鹽和黑胡椒調味。在派皮中央劃一個開口散熱，入烤箱烤約30分鐘，直到酥皮膨起，顏色金黃香酥。

飽足的白豆、瑞士甜菜燉香腸湯

HEARTY SAUSAGE STEW with beans, Swiss chard & cinnamon

我發現這是一道在漫長漆黑的夜晚,自己會特別渴望的菜色。它介於湯和燉菜之間,湯汁裡頭的白豆經過長時間燉煮,綿密地化入腴滑的湯裡,適量迷迭香和紅辣椒碎增添香氣,而肉桂則帶來令人舒心的溫暖。如果能買到義大利香腸更好,它有粗絞肉的口感和宜人的濃郁,不過上好英式香腸也能勝任。我們總愛在滂沱大雨敲打著窗戶的日子,將湯碗放在膝上,坐在壁爐前享用。這時,只需要再來一大塊麵包,塗上厚得足以留下齒印的奶油就完整了。

4至5人份

· 500克義大利香腸

· 3瓣大蒜

· 2根西洋芹

· 2顆洋蔥

· 3大匙橄欖油

· 1大撮紅辣椒碎,
取其暖胃而非尖銳辣勁

· 數根迷迭香
(可以鼠尾草或百里香替代)

· 2片月桂葉

· 1根肉桂

· 1小杯馬德拉酒、
微甜雪利酒、啤酒或白酒

· 2顆罐頭李子番茄

· 1瓶700克瓶裝白豆(或是2罐
400克罐頭裝豆子,我偏好
使用白腰豆或奶油豆各一罐)

· 750毫升雞高湯
(請看第306頁)

· 250克瑞士甜菜
或黑葉羽衣甘藍

首先切開香腸外膜以取出肉餡,然後粗略切成小肉丸的大小。切碎大蒜、西洋芹和洋蔥。拿一只厚實大鍋具熱鍋,倒入橄欖油,溫熱之後,放入香腸,快炒數分鐘逼出油脂,同時讓肉餡染上些許色澤。調降火力,加入大蒜、紅辣椒碎、迷迭香、月桂葉和肉桂。千萬避免大蒜變色,這步驟的重點在於:慢慢將油脂能沾染香料氣息,所以你要的是低溫慢煎。

完成後,倒入馬德拉酒(Madeira)洗鍋收汁。如果大蒜開始上色,可以提早進行這步驟,讓鍋子降溫。用木煎鏟刮起鍋底所有的焦香精華,放入洋蔥、西洋芹和番茄,並以煎鏟壓碎番茄。調味後拌炒均勻,文火煮10至12分鐘,直到洋蔥無比軟甜。

倒入白豆和雞高湯,加熱至微滾,煮約20至30分鐘,直到湯汁濃稠,所有風味完全合體。

將瑞士甜菜的莖葉分離,長莖切成2公分小段,加入熱湯裡,小火微滾數分鐘,再放入葉子稍煮。蓋上鍋蓋,熄火靜置5分鐘。時間到時,開蓋試味道,如果覺得暖勁不足的話,可以再加點紅辣椒碎;味道不夠濃烈的話,也許再下點鹽。豪邁地舀入湯碗裡,配上一大塊塗抹厚奶油的麵包蘸食。

鯷魚迷迭香羊排佐瑞士甜菜燉豆子

LAMB WITH ANCHOVY & ROSEMARY on a bed of beans braised with Swiss chard

今年，這款鯷魚迷迭香醬讓我不只一點迷上了。製作起來不費吹灰之力。迷迭香和檸檬的清鮮，輕盈了鯷魚的濃麗，配上炙烤雞腿或烤紅菊苣（或任何蔬菜）都十分理想，但襯托羊排的肥腴，那簡直是天堂滋味。

瑞士甜菜是最容易種植的蔬菜之一，雖然我年年種，但其實並不太知道該怎麼料理比較好。這個秋天，我去鄰居家用餐，其中一道菜就只是簡單用鹽調味，再淋上橄欖油的水煮瑞士甜菜。那個當下我吃懂了，咀嚼口感清新的莖梗，在帶著橄欖油辛辣氣息且綠葉礦物質滿滿的極簡愉悅中覺醒。從此以後，我菜園裡的瑞士甜菜永遠被採摘一空。明年我打算種雙倍的量，如果你也有菜圃，我鼓勵你跟進。如果買不到瑞士甜菜，黑葉羽衣甘藍、羽衣甘藍或菠菜都是很適合的替代。

4人份

· 1塊羊肋排
· 450克瑞士甜菜
· 3瓣大蒜
· 3大匙橄欖油
· 1瓶700克瓶裝白豆
 （或是2罐400克罐頭裝
 豆子，我偏好使用白腰豆
 與奶油豆各一罐）
· 1顆無蠟檸檬

鯷魚迷迭香醬

· 3根迷迭香
· 12片鹽漬鯷魚
 （大約一罐的量）
· 60毫升橄欖油
· 1/2顆檸檬擠出的汁液

在羊排上豪邁地撒鹽，置於盤上使其退冰至室溫。先製作迷迭香鯷魚醬，將迷迭香的葉子、鯷魚和橄欖油，放入高速調理機攪打至滑順。試味道，加少許檸檬汁，再次攪打並試味道，一直微調到你覺得風味平衡為止——我老覺得需要再加半顆檸檬汁液，但是往往加了之後就只嘗到檸檬味，完全毀了這個醬，結果我得補放一倍的食材量重做整批醬料，才能淡化檸檬的酸度，也學到一個極好的教訓。所以請記得放慢速度，邊試邊調。

當鹽滲透進羊排後，以攝氏200度對流模式預熱烤箱。開火加熱一只大炒鍋，鍋熱時，皮朝下放入羊排，慢慢香煎直到油脂釋出，皮脆酥並呈現焦糖色澤——深棕色是目標。翻面稍煎上色即放入淺烤盤，送進烤箱。烤出內裡粉紅色澤的羊肉約需10至20分鐘，或是中間溫度測試達攝氏50度。此時先取出，上方虛蓋一張鋁箔紙，靜置一旁約10分鐘。靜置結束，羊排內部溫度大約會上升至攝氏55度，是非常完美的溫度。

如果沒有肉類探針溫度計，可用手指輕壓肉的中心部位，如果觸感軟塌，意謂還不夠熟。你要的是有點五分熟的扎實，還帶有一點彈性，和牛排類似。如果挺堅硬，很遺憾，你烤過頭了。記得所有羊肉下來的部位都不同，你的烤箱熱度、鍋具厚度也相異，所以請把上述時間當做是基礎參考。

烤羊排時，將瑞士甜菜莖葉分離，粗切長莖，將葉子撕成小片。大蒜切薄片，中火加熱厚實鍋具，倒入橄欖油，油熱後，加入蒜片，慢煎使油染上蒜香，倒入白豆（如果是玻璃瓶裝，可連汁一起倒入；若是罐頭裝，濾淨沖洗豆子後再加），調味，煮至微滾。如果使用瓶裝白豆（我的偏好），因為已經軟糯可食，故只需煮至微滾就差不多大功告成。如果汁液不太足，也許再加些水。我的經驗是，罐頭白豆得再煮個半小時才夠軟，記得添加差不多一個罐頭容量的水，蓋上鍋蓋，文火滾煮，直到豆子軟化。有時我會用馬鈴薯壓泥器略壓碎一些豆子，幫助稠化湯汁。

刨進檸檬皮屑，拌入瑞士甜菜莖梗，確定有足夠汁液淹過菜莖，慢煮至軟，約3至5分鐘。拌入菜葉，一下子就可煮熟，熄火。擠些檸檬汁，磨進黑胡椒，試味道，視情況微調。分切羊排，內裡應該是漂亮的粉紅色，舀一大勺豆子到深盤，鋪羊排，再添上醍魚迷迭香醬。

煨燉牛小排

BRAISED SHORT RIBS

牛小排是慢煮料理的上選部位之一，因其有著滿布遇熱便融化的油花，使得烹煮後的肉質異常柔軟。舀一大勺置於帕瑪森乳酪加持的玉米糊上，撒一把巴西里，令人咂嘴舔唇的銷魂美味，非常療癒，且烹調再簡單不過。

這則食譜能煮出一大鍋，不建議減量，因為這道菜是很理想的冷凍備菜，在嚴寒刺骨的氣候，知道有這麼一道菜存在冷凍庫裡，便令人感到無比安慰。如果把肉拆解下來，便能搖身一變成為超棒的義式肉醬。義大利麵煮到接近彈牙口感的數分鐘前，把麵撈出，倒入裝著溫熱肉醬的大鍋裡，舀入一大匙煮麵水和大量帕瑪森乳酪，使力拌攪讓濃醬和麵條好好融合，最後再撒一大把巴西碎。（照片請看第79頁）

8至10人份

- 約1.5公斤牛小排
- 8顆洋蔥
- 4根紅蘿蔔
- 4根西洋芹
- 橄欖油
- 1大匙番茄糊
- 5條鯷魚（可省略，你吃不出來它的存在，但它卻能讓醬汁風味更具層次）
- 150毫升紅酒
- 1罐400克李子番茄
- 300毫升全脂鮮奶
- 將3片月桂葉、1小把新鮮百里香、一枝新鮮鼠尾草綑綁在一起
- 1/2顆肉荳蔻
- 1小把新鮮巴西里
- 玉米糊，盛盤用（第144頁食譜，製作雙倍）

在牛小排上豪邁地撒鹽，置旁30分鐘，使其退冰至室溫。同時將洋蔥切成細絲，紅蘿蔔去皮，切成四等份後切片，西洋芹切丁。牛小排差不多回返室溫，加熱一只可進烤箱的厚實鍋具，下油，將牛小排分批煎至兩面呈深棕焦糖色澤後，離火置旁備用。

原鍋以中火加熱，用煎牛小排釋出的油脂炒洋蔥，加鹽調味。煎炒的過程中，洋蔥會釋出汁液，正好洗去鍋底的焦渣精華。洋蔥煮軟時，放紅蘿蔔和西洋芹，續炒10分鐘，接著在中間挖個坑，放進鯷魚（如果有的話）和番茄糊，攪拌並壓碎，使其更能與食材融合，再和蔬菜混拌。這時，以攝氏140度對流模式預熱烤箱。

續炒蔬菜約5分鐘，直到開始稍黏鍋，但還不到深棕色澤的程度——這意謂著已經將多數的水分煮掉，即將進入焦糖化的階段。倒入酒，煮至酒精蒸發。放入番茄罐頭，入鍋前用手把番茄捏碎，放入鮮奶和香草束，磨進肉荳蔻。以鹽和黑胡椒霸氣調味，倒入肉排，確保被汁液包裹，加熱至微滾。取一張烘焙紙，

剪出與鍋同大小的圓，將圓形烘焙紙蓋到肉塊上，形成一個密封的環境。蓋鍋蓋送入烤箱，烤約3個小時，直到肉無比軟嫩。

烤好取出烤箱，牛肉會釋出大量油脂，這是為什麼牛肉能維持這麼柔軟質地的原因。但現在大功告成，便可以去除油脂。如果要直接享用，可以用湯勺或大湯匙撇除，小心避免連帶去除太多醬汁。適量油很好，過量就可惜了。如果你不打算馬上開吃，可以放涼後冷藏。油會凝固，將更容易撇除。反正慢燉料理隔天吃來總是更美味。

盛盤上桌前，記得再次試味道，視情況微調。連骨帶肉及大量醬汁，舀在一大坨奶香玉米糊上，再撒一大把巴西里碎，即可上桌。

蘋果酒燉李子乾洋蔥豬五花

PORK BELLY BRAISED IN CIDER with onions & prunes

Koya 是我最喜歡的倫敦餐廳之一，它的菜單上有一道美味絕倫的菜，叫「蘋果酒燉豬五花」，多年來我一直深深著迷。豬五花用蘋果酒、醬油、味醂和糖，文火慢燉直到醬汁收乾黏稠，然後緊緊覆蓋在幾乎要軟糊成果凍的五花肉上。遺憾的是，農場讓我幾乎走不開身，再也沒辦法如願想吃就吃。於是，受到佛格斯和瑪格‧韓德生（編按：Fergus and Margot Handerson，英倫餐飲夫妻檔）對豬肉和李子乾的無限熱愛啟發下，我開始實驗，試著鑽研出一道能在冬天用在地食材烹煮的版本。

這道食譜就是成果——從不遠處張羅的豬肉，加上自製蘋果酒及鄰居的鮮奶，大量洋蔥、李子乾和一把鼠尾草……料理出置身天堂般的美味醬汁、驚人柔軟又滋味俱足的豬肉。最後，來一點具平衡作用的醬油，也算是以此向 Koya 致敬，吃的時候配著奶香四溢的薯泥，這已經成為一道，我時不時就渴望一嘗為快的料理了。

6至8人份

· 1塊重約1公斤的豬五花去骨

· 4顆大洋蔥

· 5瓣大蒜

· 2大匙葵花油

· 500毫升半乾蘋果酒

· 250毫升全脂鮮奶或雞高湯（請看第306頁）

· 200克去核李子乾

· 5根新鮮鼠尾草

· 1撮肉荳蔻皮粉或1/2顆肉荳蔻

· 些許醬油

在豬五花上豪邁地撒鹽，置旁至少30分鐘，使鹽滲透進肉裡。細切洋蔥和大蒜。可以處理五花肉時，取一尺寸足以將肉塊放入的厚實鍋具，如果沒有適合的，就把豬五花切半，分批煎香。倒入適量葵花油，拭乾豬皮上的水漬，皮朝下放入鍋中，煎至金黃，注意勿燒焦。當豬皮呈香酥深棕色澤時翻面，同樣煎至焦糖化，待豬五花通身金黃，取出置於砧板。爐台轉小火，放入洋蔥和大蒜，再下適量鹽和少許水，慢炒約15分鐘，直到洋蔥甜軟。開始上色時，小心避免洋蔥燒焦，處在臨界邊緣時，可適時灑點水降溫。

趁著煮製洋蔥的時候，將豬五花切成約大姆指厚的肉片。洋蔥炒好後，倒入蘋果酒，洗鍋收汁並刮起鍋底焦渣精華。接著加入鮮奶、李子乾、鼠尾草和肉荳蔻皮粉，將豬肉片穿插放在洋蔥和李子乾之間，確定肉片沒於醬汁下，必要時可再加鮮奶，再以大量黑胡椒和海鹽調味。取一張烘焙紙，剪出與鍋同大小的圓，將圓形烘焙紙蓋到肉

塊上，形成一個密封的環境，將鍋子加熱至微微冒泡的小滾狀態，蓋上鍋蓋燉煮2個小時。

2個鐘頭之後取出烘焙紙，以叉子或奶油刀試看看能否切穿肉塊——應該要非常軟嫩才是。拿根湯匙試試湯汁的味道，理當極度美味，但我認為加一點點醬油，味道上能畫龍點睛，還能加深醬汁顏色。這時候調味近乎完美，所以請記得醬油是鹹的，添加時要特別小心，必要時，再多下點香料。接著把烘焙紙蓋回去，使其靜置。想要的話，也可以提前一天製作，隔夜會更增風味。趁滾熱時盛盤，舀大量李子乾和醬汁。此外，就只需要一些奶香十足的薯泥和冬季青蔬已足夠美味。

千層酥皮三角蘋果派
APPLE TURNOVERS

從八月底到一月，我們會被無止盡的蘋果供給一路轟炸。農場四周長滿枝幹扭曲糾纏，全株被地衣苔鮮覆蓋的蘋果樹，一棵棵以老人倚著枴杖的姿態佇立在每個角落。各種適合鮮吃或烹調的蘋果，口味和顏色應有盡有。十月起，每刮一陣風，就會把繽紛多彩的蘋果掃到地面，鋪成一片蘋果地毯。我們用手推車裝滿一車又一車的蘋果，餵食山羊和綿羊，採收一桶又一桶的蘋果榨汁、釀酒，天天不分早中晚哨食，可是看起來根本沒有絲毫減少。

蘋果也能在燉煮料理、肉丸、奶酥和甜派裡擔綱演出，但在所有菜色裡，這道一直是我的最愛。你可以試試不同的香料組合，添點白蘭地或薑、橘皮屑、葡萄乾和杏仁……唯一要記得的就是：等放涼再開吃，否則熔漿般的內餡可是會燙舌的。

食譜的內餡分量會有剩餘，可以加在燕麥粥、優格，甚至當作速成飯後甜點淋在冰淇淋上。更讚的主意是，用兩張千層酥皮製作十二個酥皮蘋果派。冷凍六個以備不時之需，要用時不必退冰，刷上蛋液就可入烤箱，只要多烤10分鐘即可。（照片請看第89頁）

製作6個三角蘋果派

· 4顆中型烹調用蘋果

· 30克奶油

· 1小匙肉桂粉

· 1/2顆肉荳蔻

· 1小撮丁香粉

· 100克細紅糖

· 2小匙玉米粉

· 1顆鮮食蘋果

· 1顆無蠟檸檬

· 1張千層酥皮，或自製極簡版酥皮（請看第310頁）

· 1顆蛋

· 德麥拉拉粗糖，最後裝飾用

· 雙倍乳脂鮮奶油、冰淇淋或法式酸奶油，搭配食用

蘋果去皮，切成四等份，去核再切半。取一鍋具，中火加熱，將蘋果連同奶油、香料和細紅糖放入鍋中，慢煮至蘋果軟化，被黏稠汁液包覆著，但切勿煮得太過軟爛，口感非常重要。如果你發現開始黏鍋，可調入一點水，但小心拿捏水量，過多會稀釋鍋內汁液。10至15分鐘之後，以1小匙水調和玉米粉倒入鍋裡，煮至醬汁稠化後熄火。此時將鮮食蘋果去皮去核，切成丁塊，拌入香料蘋果中——這會讓派的口感富有變化，刨入檸檬皮屑，擠入半顆檸檬汁液，試味道，再視情況添加剩餘的檸檬汁，置旁放涼。

取一烘焙紙，放上千層酥皮後擀開，切成六個方塊等份，在每個酥皮的1/2方塊上，鋪上放涼的香料蘋果餡，邊緣預留1.5公分，以便後續黏合封口。餡料要完全塞爆，或順利封口的前提下盡可能塞滿？我老是在這兩者之間不斷角力，但如果成果不盡人意也別太

擔心，我做的從來不曾完美過。

　　將雞蛋打散，在酥皮邊緣刷一層薄蛋液，將另一半對折成三角形，用手指捏緊或以叉子下壓封口，在酥皮上戳幾個洞散熱氣，將三角酥皮派移放到淺烤盤上。以攝氏200度對流模式預熱烤箱，預熱期間酥皮派先放冰箱。

　　從冰箱取出三角酥皮派，刷上蛋液後放入烤箱，烘烤約20至30分鐘。直到酥皮染上深金黃色澤，完成後取出，飾以粗糖粒，放涼10分鐘，配上你最愛的任何一款鮮奶油享用。

薑香蛋糕佐糖煮榲桲和法式酸奶油

GINGER CAKE, POACHED QUINCE & CRÈME FRAÎCHE

拜一場晚霜之賜，農場的榲桲樹（quince）去年沒結果，但今年秋天，把去年的分都補回來，甚至還有多，樹上掛滿閃閃發亮又濃香四溢的果子。

就一件物事來看，榲桲真是個藝術品，是房子窗台上最棒的裝飾，它們在燈光下閃耀，以令人目眩神馳的花香，染香所有房間。雖然榲桲能生食，但烹煮過或以各式形式封存起來才是最美味。它們可以做成最原始版本的「柑橘果醬」（編按：最早的marmalade是以榲桲而非柑橘水果製作的），製成搭配乳酪的果凍，和伏特加一起浸泡成風味酒，更是不同凡響——寫作的此時此刻，我正泡著 8 公升的榲桲伏特加，那香氣實在令人震驚。但最棒的應該是用糖水慢煮榲桲會變成玫瑰色，散發甜美又濃郁的味道，堪稱最極緻而純粹的愉悅。

最近去一家很棒的本地餐廳 Brassica 用餐，讓我憶想起我奶奶筆記本裡的那則薑香蛋糕老食譜。這食譜裡，一如餐廳搭配了法式鮮奶油、煮榲桲和大量的煮汁，是款極好的冬日飯後甜點呢！

8至10人份

薑香蛋糕

· 150克黑糖

· 250克糖蜜

· 150克無鹽奶油

· 2小匙薑粉

· 1小匙肉桂粉

· 1/2小匙丁香粉

· 1/4小匙黑胡椒粉

· 50克鮮磨薑泥

· 280毫升全脂鮮奶

· 2顆蛋

· 300克中筋麵粉

· 1又1/2小匙泡打粉

· 1小匙小蘇打粉

以攝氏130度對流模式預熱烤箱。

先處理榲桲。將水煮至滾，放入細砂糖拌勻，讓水溫保持在一定熱度。將榲桲一一去皮，剖半或切成四塊，用鋒利一點的湯匙或削皮刀去芯（我發現生蠔刀特別能勝任這個任務），保留所有切除的皮芯邊角等，因為這些有助於將榲桲煮出最美的色澤。取一可以入烤箱的鍋具，放入榲桲切塊，再以皮芯等蓋在上頭，擠入檸檬汁。倒入熱糖漿後，取一烘焙紙蓋在水果和汁液上方，再放一只盤子，好壓下所有水果浸入糖漿裡，蓋上鍋蓋。放進烤箱，烤約3至4小時，直到榲桲變為玫瑰色，柔軟但不至果肉離散。

將榲桲從烤箱取出，置旁放涼，全數浸泡在糖漿裡。放涼時，取出所有核芯邊角，但榲桲果肉仍浸在糖漿裡，放入冰箱。它們能在糖漿裡保持鮮活好一陣子。煮榲桲配奶酥，或法式杏仁塔（第289頁），或優格，或像我的煮李子食譜

糖煮榅桲

· 2公升水

· 300克細砂糖

· 8顆完熟榅桲

· 1顆檸檬

· 法式酸奶油，盛盤用

（第284頁）裡的搭配，都無敵美味。享用時，淋上大量煮汁一起吃，如果還有剩餘的話，就調配成超讚的水果香甜酒、雞尾酒，或甚至做成冰沙。

以攝氏170度對流模式預熱烤箱。

再來製作薑香蛋糕。取一28公分長、20公分寬、5公分深的烤盤，鋪上烘焙紙。你可以用比這個尺寸更小一點的烤盤，但若用更大的烤盤，會導致蛋糕太薄。取一鍋具，放入黑糖、糖蜜、奶油、香料和新鮮薑泥，中火加熱使其融化。融化後攪拌勻勻，置旁放涼15分鐘，接著加牛奶、雞蛋，再次攪拌。混拌麵粉、泡打粉和小蘇打粉，使其均勻分布其中，將粉料篩入糖蜜混合液裡，充分拌勻確保毫無粉塊在其中。將麵糊倒入準備好的烤盤，放入烤箱，烘烤約45分鐘至1個小時，直到表面膨起、糕體熟透——不妨以一根烤肉叉子插到蛋糕中央測試，如果取出無沾黏，就大功告成。放涼15分鐘再切，趁溫熱與法式酸奶油、糖煮榅桲和許多淋醬一起享用。

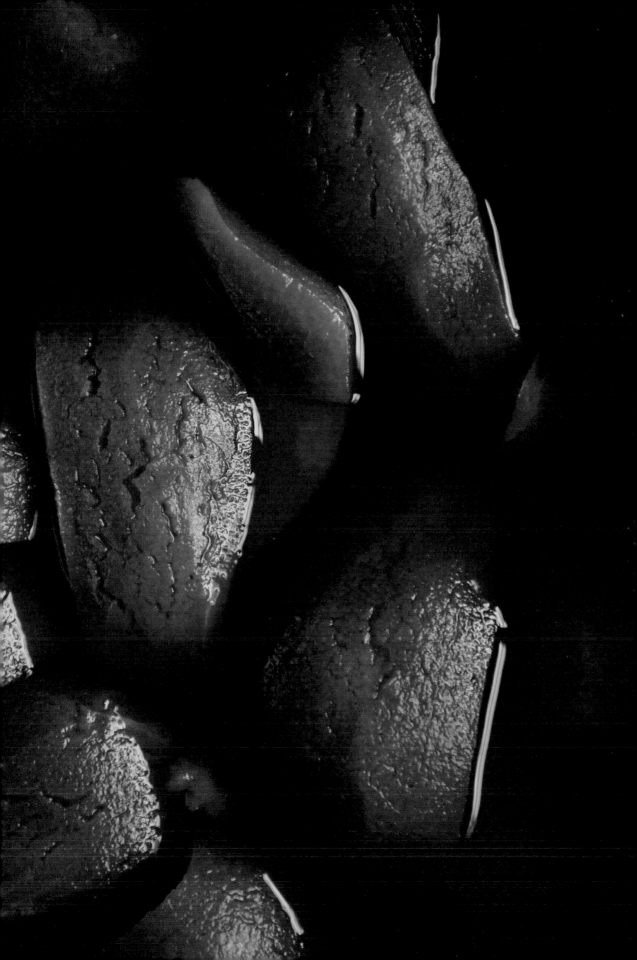

梨子核桃反轉蛋糕

PEAR & WALNUT UPSIDE-DOWN CAKE

我愛美味蛋糕,這款就是典範。多汁、溼潤且無比輕盈,但最重要的是,不太甜膩。充滿香料的溫暖風味,而核桃則帶來大地氣息和咔滋清脆口感。梨子先在焦糖醬裡煮到甜軟,然後倒淋上麵糊,以上下顛倒的形式烘烤。完成後倒扣蛋糕,讓焦糖醬順著糕體流淌而下。只要再來一匙法式酸奶油,你就快樂似神仙了。這個蛋糕如果能好好的密封,能冷藏保鮮數天。只要在享用前,以攝氏140度對流模式低溫加熱一下,就能讓蛋糕立刻復活。

可分切成8片

蛋糕上的焦糖梨子

· 6顆完熟梨子

· 50克奶油

· 80克細紅糖

· 1又1/2顆檸檬的汁液

蛋糕

· 200克奶油,軟化

· 200克細砂糖

· 4顆蛋

· 5顆小荳蔻莢取出的籽

· 3個丁香

· 100克核桃

· 200克自發性麵粉

· 4小匙泡打粉

· 5克海鹽

· 1小匙肉桂粉

· 100克酸奶

盛盤用

· 法式酸奶油
  或雙倍乳脂鮮奶油

全數梨子削皮,由蒂頭往下垂直分切成四等份,以利刀去芯。取寬口大煎鍋以中火加熱,放入奶油。

當奶油開始融化時,放入梨子,切面向下,然後將細紅糖撒在梨片上,左右搖晃鍋具,利用梨子的重量融合糖和奶油。擠入檸檬汁,煮8至10分鐘直到梨子軟化,糖和奶油轉變成琥珀色的焦糖漿。取出梨子,以切面朝上,寬厚面朝外的方式,排在一只直徑九英吋的烤盤底(可能用不完全部的梨子)。最好避免使用彈簧扣式烤模,因為焦糖醬會從底部外緣的縫隙漏出來。但如果別無選擇,那就用烘烤紙鋪墊封住空隙(如果可能的話,還是希望蛋糕麵糊能與烤盤接觸,如此可以形成漂亮的酥皮)。讓焦糖醬在爐台上繼續小火滾煮,直到達成理想的稠度,然後就可以澆淋在梨子上。

以攝氏180度對流模式預熱烤箱。

製作蛋糕時,使用手持電動攪拌器,或是桌上型攪拌機都好。將放軟的奶油放入一只大盆裡,倒入細砂糖,攪拌到奶油色淺淡,質地鬆發,記得時不時刮下盆邊的沾黏,確保完全混拌均勻。攪拌機運轉的同時,分批一次一個將蛋倒入,確定完全融合後才加另一個,不然奶油可能會分離。

以研磨缽搗磨小荳蔻籽和丁香，倒入一只碗裡。再將核桃放入研磨缽，以杵略敲裂，或是包在毛巾裡，以擀麵棍擀壓，保有厚實大塊的質地最理想。將麵粉和泡打粉確實混拌均勻，過篩，連同鹽、肉桂粉，研磨好的香料和核桃，一起加入奶油裡。將乾料添入麵糊裡，再拌進酸奶，將麵糊倒在梨子上，表面輕輕刮平。

現在，請先記住所有烤箱都不同，將烤盤置於中間烤架上烤約1個小時，直到蛋糕定型。大約到30分鐘左右，我會將溫度調降至160度，確保蛋糕頂層不會烤得太深，密切觀察，但切勿打開烤箱門，否則蛋糕可能塌陷。烤50分鐘後，可以搖晃一下烤盤，若中間依然晃動，表示還未烤熟。測試熟度方法是，拿根烤肉細叉，插進蛋糕中央，取出乾淨無沾黏，就表示完成。

此時可取出蛋糕，靜置一旁約15分鐘，然後拿一塊砧板，輕放在烤盤上方。將蛋糕和砧板一起上下翻轉即脫模，這時在你眼前應該會是一個上頭鋪排著多汁焦糖梨子，且膨發漂亮的蛋糕。我喜歡搭配法式酸奶油或雙倍乳脂鮮奶油，和一杯咖啡，趁熱享用。蛋糕溼潤質地，可保數日不變。只要在享用前，以攝氏140度對流模式烤箱加熱一下即可。

巧克力慕斯佐香料雅文邑李子乾

CHOCOLATE MOUSSE with spiced Armagnac prunes

這道慕斯來自伊麗莎白・大衛（Elizabeth David）的古老食譜，每人30克巧克力和一顆蛋——我必須仰賴這不可或缺的完美精準才能成功。和我每年聖誕節必做的香料雅文邑李子乾，簡直是天作之合。如果能提早一週製作算是滿好的開始，但浸泡一個月後的風味，那根本驚為天人，是儲食櫃裡的極好儲糧，能在必要時變身為即時的飯後甜點。

以下是4人份的食譜，但李子乾可以做上一大罐，足夠享用好一陣子沒問題。拿來配法式酸奶油、核桃，一大勺烈酒，也可以略切搭冰淇淋吃，若有自製冰淇淋就更棒了。（照片請看第99頁）

4人份

巧克力慕斯

· 120克巧克力
  70%可可濃度

· 4顆蛋

香料雅文邑李子乾

· 3包伯爵茶茶包

· 800克至1公斤去核李子乾

· 1顆大橘子刨下的皮屑

· 1根肉桂

· 5個八角

· 10個丁香

· 700毫升雅文邑
  或任何優質白蘭地

· 200克細砂糖

配食

· 法式酸奶油和海鹽片

先製作李子乾。煮滾一壺水，倒1公升入大鍋或大碗，丟入茶巾浸泡5分鐘。取出茶包，捏擠出餘汁，放入李子乾，任其浸泡直到水溫變涼，或泡隔夜更好。放入一只大號基爾納玻璃密封罐裡，削入橘皮屑，放香料，倒入白蘭地和細砂糖。蓋上蓋子，抓緊罐子上下搖晃，幫助香料入味、砂糖溶解。只要所有李子乾都沉在白蘭地裡，便可久放不變質，放越久，風味越上乘。

接下來製作慕斯，巧克力掰成小塊，連同4大匙水，放入一個耐熱大碗裡，將碗置於一只微滾煮熱水的鍋具上方（隔水加熱），慢慢融化巧克力，勿攪拌，讓它自然進行。等到全數融化後，攪拌使其和水完全融合，直到成為滑順甘納許的程度。如果不夠絲滑，可以再加一大匙水無妨。分離蛋黃和蛋白，蛋白放入一只大攪拌盆裡，當巧克力稍微降溫時，添入蛋黃，攪拌均勻，如果呈現分離而非融合狀態，加1大匙水，再用力攪拌，直到巧克力呈現如絲般滑膩質地為止。

現在用打蛋器攪打蛋白，直到硬性發泡。我過去幾乎都以機器代勞，可是……一直到最近才領悟，其實是會過度打發，變成一種粗糙結塊泡沫，導致任何想拌入

的食材都很難融合，與之相較，細緻緊密的泡沫，不管和什麼都能輕鬆完美融合。我個人覺得，以手打發會有更好的掌握，但如果想使用機器也沒問題，就是要密切觀察，隨時暫停確認一下發泡狀態，直到覺得理想為止。這裡追求的是，當把打蛋器從蛋白中舉起時，會在打蛋器上，留有溫柔弧度曲線的細長蛋白霜尖峰。以輕柔劃數字8的方式，將三分之一的蛋白霜，拌入巧克力醬裡，直到完全看不到蛋白霜，再溫柔地拌入剩下的蛋白霜，這次務必特別小心，拌入過程避免過度消泡。前三分之一的蛋白霜讓巧克力鬆發輕盈不少，所以後來的三分之二 就可以盡全力保住最多的氣泡。將慕斯 入一個大碗，或是個別的烤盅／玻璃皿，蓋起來，放入冰箱至少數小時，直到定型。

享用時，一人一匙巧克力慕斯、三顆李子乾，和一大勺香料白蘭地浸汁。再飾以一勺法式酸奶油，並撒點海鹽片在巧克力上。

橘 香 伏 特 加

ORANGE VODKA

有一年，我野心勃勃買了超多橘子，想要做一大批柑橘果醬。放上音樂，手拿著飲料，我花了一個漫長的冬夜，忙著切片、去籽，處理著彷彿不見底似的一箱水果，但當煮鍋已滿時，竟然還剩下一些橘子。我臨時起意，把它們一一切片，連同幾片月桂葉和八角，放進一個大玻璃罐裡，再用伏特加注滿罐子，浸泡好幾個月。時不時，出於好奇，我會打開蓋子察看，那香氣簡直無與倫比。微苦、芳香，讓我聯想起金巴利口酒、苦艾酒和阿佩羅利口酒，但更清新，富有層次，顏色也美。

終於，在一個美好的夏日，我們決定開瓶，舀進玻璃杯，放冰塊、混入通寧水和幾株薄荷。實在太無敵了！口感清爽平衡，甜美中帶著微苦，完美。雖然我還在努力消耗那第一批柑橘果醬（對於每一個收到一瓶果醬做為聖誕禮物的人，真是抱歉了），自此，我年年都會做這款飲料。這個食譜可以運用在其他各種水果，黑刺李琴酒、達姆森李子伏特加和檸檬利口酒等也是用同樣方法製作。（照片請看第102頁）

製作2.5公升
基爾納玻璃密封罐1罐

· 10顆塞維亞柑橘或稱苦橙
  洗淨，切薄片

· 5個八角

· 3片月桂葉

· 2瓶1公升伏特加或琴酒
  （值得入手品質不錯的選擇）

糖水

· 等比例的細砂糖和水
  （我一般用各300克的量）

不少人會在一開始就先放糖，但我偏好最後才下，如此邊試味道邊加更能掌控品質。最佳製作方式是糖水先調好，如此一來，就可以一勺一勺邊試味邊加進罐子裡，以達到最理想的平衡風味，也是消磨夜晚的有趣方式。

將橘子片放入玻璃密封罐，其間穿插放入八角和月桂葉，確保平均散置於罐子裡。倒入伏特加到頂，再以消毒過的石頭或發酵鎮石下壓，確保橘片全數泡在伏特加中，蓋上蓋子，置於陰涼處，浸漬3個月。

時間一到，將伏特加篩到另一個罐子裡，將橘子片留在底下有大碗盛著的濾勺裡，因為還有不少餘汁可以瀝出，你肯定不想浪費的。

製作糖水。將水和糖放在鍋子裡，以中火加熱，直到糖全數溶解。置旁放涼，再慢慢一勺一勺添進伏特加，邊攪拌邊試味道……切記你永遠可以再加，

但沒辦法補救甜度。當得到滿意的風味時，看是要另外裝瓶，或是留在罐子裡，上蓋密封。黑刺李琴酒很顯然單喝就極好，但是這款橘香伏特加，適合加冰塊，再調點通寧水和安格仕苦精，一級棒。達姆森李子琴酒能調出超讚的尼格羅尼，寫到這裡，一旁還有一瓶聞起來很迷人的榲桲版本在浸泡著。

　　這是個可以用不同季節水果和香料隨喜實驗的絕佳技法。我經常把這些成品，做為聖誕禮物分贈給大家。

SPRING

春 天

　　相對於冬天的緩慢、靜默和引人沉思，春天則是鮮活、興奮且美得令人屏息。是所有一切的開始，是脫胎換骨轉換的季節，讓彷彿鋒利盔甲的冬天，朝向融化成甜蜜薄霧的夏天。春天是我最忙碌、最受啟發，同時也最疲憊的時節，只因所有播種、山羊的出生與接生，都會在一個月內發生。那是在無數個深夜的月光下，傾盆大雨中，將瑟縮發抖的羔羊們擁入懷裡，試圖擦乾牠們的季節；也是窗台滿是沐浴在三月暖陽下的發芽馬鈴薯，然後小山羊爭相爬上廚房餐桌找奶瓶的季節。春天是詩意的，是定義一整年的季節，既讓人筋疲力竭，卻又感到輝煌燦爛。

　　我很想說，一切是始於某種特定花朵的綻放，或是鳥兒的歌唱，可是對我來說，永遠是光線的變化，應許了冬去春來。那是一種當珍珠白的雪花蓮，開始從顫巍巍的銀綠草地間探頭，就開始慢慢積累一段時間、充滿希望的感覺。在春暖花開的召喚下，蜜蜂們從數個月的冬眠中甦醒，牠們清理蜂巢，在陽光下快樂地嗡嗡作響。花朵在樹籬間大肆盛放，鳥兒在荊棘間大聲歌唱，透過強而有力的歌聲，建立築巢的領地。矮短冬草搖身一變螢光綠，枯枝樹幹開始長滿綠芽。最棒的是，前個季節是以一群在田野間大聲呼喚著媽媽的小羔羊，和在花間蹦跳的小山羊劃下句點。

　　對於訂購種籽，我好像永遠慢半拍，需要大自然推我一把。但這真是一個令人振奮的時刻啊！在我最愛的網站上流連鑽研，看著彷彿族繁豐富的品種，採買舊愛和一些感覺吸引人的新歡。馬鈴薯進駐窗台上的蛋盒。我把一個又一個拖盤的紅辣椒和番茄，放在通風的櫥櫃，鍋爐熱度可以助發芽一臂之力，至於蠶豆、豌豆和洋蔥，則被種在外頭有蟲子蠕動的深黑溼土裡。我們利用溫室搶先季節一步，當外面依然太冷而無法播種時，溫室裡每一寸空間，都用來擺上一拖盤又一拖盤用來播下豆子、甜菜、蕪

菁、櫛瓜和南瓜等的種籽。接著魔法展開，冬眠的種籽甦醒，衝破土壤，嫩葉舒展，尋求陽光的照耀。夜晚，蛞蝓從我那搖搖欲墜的溫室破洞間溜進去，大吃特吃幼苗。我得在月光下出門，把牠們一一抓起來，放進果醬空瓶裡，隔天早上拿來餵雞（可惜雞隻們似乎並不覺得有什麼好佩服）。

因為雞隻飽食綠芽，以及土壤被太陽曬得發熱而鑽出泥地的肥蟲子，你絕對不會相信這時節的雞蛋蛋黃的顏色和大小有多出色。冬天雞蛋補給有一搭沒一搭的，但春天一到，供應遠遠大過於需求，牠們充當巢穴的紙盒裡，滿滿淡藍、嫩綠和琥珀色蛋殼的雞蛋。我把手伸進去，往母雞溫暖羽毛下一探，一邊忍著被啃啄的痛感，一把抓起成打雞蛋，然後回到廚房，口袋因裝滿雞蛋而凸起。

這些關於雞啊種籽的事，不過是小小的分心而已，因為在春天，我心裡特別掛記著一件事：羊的產季。四月一到，我大部分時間都待在羊群所在之處，偶爾偷個空，到菜園搭個豆架子，把新鮮的堆肥鋪在菜圃上，不斷地播種。但說真的，我腦子裡所想的，全都是迎接即將到來的生產。

整個冬天，我都很小心觀察並餵食著母羊們。我在酷寒中冷得齜牙咧嘴，如今，牠們很明顯地因為懷孕增加的體重而感到不適。牠們邁著緩慢吃力的步伐穿過田野，大多時間都在群聚、沉思。綿羊習慣安靜地度過懷孕期，總是很神祕地把牠們的感受，藏在烏黑眼睛和厚羊毛外套底下。相形之下，山羊們會大聲嚷嚷牠們的不適，通常身體見寬不見高，常因氣沖沖而氣喘噓噓。

我一整天都用望遠鏡觀察著，等待第一個徵兆。而我們所有人可是都處於緊急待命狀態，在房子裡來回走動時還是不時望向窗外，隨時準備好一有即將出生的跡象，就拔腿飛奔而去。有許多可以判斷的徵兆：母羊原已腫漲的乳房會變成兩倍大，裝滿了初乳；時不時會在圍籬上摩擦，以調整胎兒位置；但最明顯的算是，牠們會閃到原野裡某個安靜的角落，私密地開始第一波宮縮。身為都市長大的孩子，我一無所知地面對這些事⋯⋯

對於懷孕的艱辛和磨難，我可是吃足苦頭才學會。我第一次將手伸進動物身體裡，直到手肘深的地方這件事，根本無法預先做準備。我當時是手機開著擴音，由鄰居一步一步地教我如何把一隻卡在子宮的羊寶寶的胎位轉正，好抓住部分四肢以順利拉出來。或者，事與願違，清晨醒來，看到母羊用蹄子，輕輕撥弄著冰冷僵硬的小羊，絕望地發出要小羊站起身的輕聲吶喊——那種極度的悲傷。這是一段急劇變化的學習曲線，讓我對生、死和身為母親所擁有非凡本能，有了更血淋淋的認知。當出錯的時候，我會無比悲傷痛苦；在一切順風順水的時候，我會感到喜悅暖心，但不論如何，都是能長存在我心的感動時刻。

常常，這些厲害的綿羊自己就能搞定，而我所要做的只是安靜地坐在

蔓長草地上，看著這個緊張的時刻自然而然地進展，目睹一身溼黑亮澤的小羊來到這個世界。羔羊一落地，我便會飛奔過去將牠嘴裡的胚胎液體擦乾淨，確保牠能好好呼吸，接著在牠唾液四射地一陣咳嗽後，我會坐回原來的草地上注視著母羊輕輕地舔淨小羔羊。淨身的時間滿長，因為母羊會很勤奮地舔過羔羊的全身每一寸肌膚，如果臍帶還是有點長，也會啃掉被扯斷的臍帶。一旦淨身完畢，羔羊會開始試著站立，先是前腳膝蓋，然後不斷地失敗，但最終會靠著四隻細長腿，以外八姿勢，彷彿在風中擺動的柔弱花朵般搖搖晃晃地站起身來。牠們必須在出生兩小時以內喝奶，下一階段，可能會是令人感到痛苦的沮喪，看著羔羊蹣跚地靠近母羊的乳房，但正用力舔舐而搖晃身體的母羊，往往總在羔羊接近時剛好轉身。我看得十分痛苦，總會用念力加持腳步顛撲、試著想吸到奶的小羊。在很極端的天氣下，如果這一關實在花得有點久，我會抓過母羊固定住，引導小羊到她的乳頭以確保牠能喝到溫熱奶汁。但一般我都會耐心等候，傾聽前幾聲快樂的吸吮的那一刻，我的階段性任務便完成，終於可以回到屋內。

生產小羊的過程，大概會持續幾個禮拜，我會設定好時間，一旦綿羊全數誕生，山羊可以緊接在後。這時，時序已來到五月，春天的魔力已經全面展開。太陽散發豐沛的熱力，曾經鬧騰吵雜的鳥兒，在帶著斑點的藍色鳥蛋上安靜地築巢，燕子在廣闊的藍天上掠過，冬天感覺像是一段遙遠的記憶。小羊們成群結隊在田野上奔跑，邊跑邊跳，互相追逐彼此的尾巴，惹得母羊擔心不已。小山羊偏執地試圖攀爬觸眼所及的東西，母山羊則在氤氳的熱氣裡，慢條斯理地咀嚼反芻。田野是一片金黃陸蓮花海，熊蔥和櫻花香氣飄散在樹林間，藍鈴花在斑斑光影下閃爍。微風吹過吊在曬衣架上被粉紅蘋果花包圍的洗滌衣物，我們終於可以專心地將托盤上所有蔬菜幼苗種到菜圃裡。

經過素樸的冬季，綠意盎然的五月底有豐沛的鮮蔬供我們烹調。春天的食物總帶來無比喜悅，我們在菜園台階上，剝著一籃籃肥厚甜美的豌豆

和蠶豆，陶醉在掐斷蘆筍令人愉悅的清脆聲響裡，對著泅泳在卡士達醬汁裡鮮亮粉紅的大黃嘓起嘴巴。每一次散步，都帶回幾口袋滿到快溢出來的熊蔥和酢漿草。天氣暖得可以在戶外進食，大部分春日時光，我們都以膝為桌，在花園裡用餐，用指甲沾滿汙泥的手拿著三明治大啖，或是在雨敲打著育苗棚的屋頂時，捧著溫熱的湯喝。五月是一年之中我最愛的月份，真希望它可以一直讓我過下去。只不過，如奶油般溫暖的夏天，已在向我們招著手，終於可以稍微休息，享受春天瘋狂勞動所收穫的豐碩成果。

蘆筍和溏心蛋

ASPARAGUS & SOFT-BOILED EGGS

從春天第一批蘆筍「嶄露頭角」那刻直到季末，我總是近乎儀式地烹煮這道菜。這是那種陽光晴好的週末會吃的早餐。在戶外享用，聽著收音機，我想不出比塗滿奶油的烤麵包，和蘸取自產雞蛋特有香濃蛋黃的檸檬蘆筍更美味的選擇了。

蘆筍是最能吃出當季食材樂趣的範例。它的季節稍縱即逝，只得三個月，我喜歡在這段期間盡情大啖，頻繁享用到產季尾聲時，也差不多已準備好擁抱新食材了。然後再耐著性子等候九個月，期待值日與漸增，期間絕不碰從世界其他地區進口的產品，等到蘆筍頭即將破土的時候，再開懷大吃直到下個週期開始。

這與其說是食譜，不如說是調理方法。我想，就暫且說是3人份好了。

3人份

· 3顆蛋

· 1小把新鮮蝦夷蔥、
  香葉芹或薄荷

· 大量奶油

· 上好麵包

· 1把蘆筍
  尾段老莖去掉

· 1顆無蠟檸檬

· 義大利帕馬火腿
  或些許煙燻鱒魚
  （可省略）

取一只能容納全部蘆筍的大鍋，注水煮滾後，小心放入雞蛋，計時6分半。接著切碎香草，取出奶油，麵包切片——準備上戰場。完美的早餐需要兩人合作無間，時間抓得不好，你得到的會是濕軟掉的烤麵包佐涼冷的蛋。

3分鐘過後，在煮蛋水裡加鹽，放入蘆筍，同時啟動烤麵包機。各就各位：當計時器鈴響時，一人將烤好的麵包塗上奶油，另一人負責剝蛋殼；將鍋裡的水倒掉，打開水龍頭後，在流水下用湯匙輕敲並滑進蛋殼裡，將其快速剝除。另一方面將蘆筍留在乾熱的鍋內，放入一大塊奶油、鹽和香草略攪拌，於鍋內保溫。

盛盤，刨一點檸檬皮屑，並在蘆筍上擠些汁液。將蛋放上奶油烤麵包，再多撒些香草、鹽和黑胡椒。如此一來，你將可享用滿是奶油的酥香麵包、完美的流心蛋黃，以及調味理想，多汁又脆口的蘆筍。

蘆筍瑞可達乳酪塔

ASPARAGUS & RICOTTA TART

這個令人垂涎三尺的塔，可以說其整體大於所有食材的加總：賣相驚艷，但偷偷跟你說元素組成非常簡單。看起來美麗，咬下去美味可口，且製作易如反掌——配上滋味鮮辛的綠葉沙拉和一盤義大利帕馬火腿，就是最完美的輕食午餐。

你可以依據手邊的食材，變化香草陣容：熊蔥很棒、羅勒和蒔蘿也極好。但在早春的花園裡，最先登場的是比較強健耐旱的香草如蝦夷蔥和薄荷，所以我在這道食譜中大量使用。如果你手邊沒有，我強烈建議在家種些香草，它們一旦落地生根，就永遠不離不棄。我常做這種扁餡塔，特別愛它不需要預烤塔皮或講究一些酥皮等的鏗鏘角角。如果你想要自製酥皮當然沒問題，但我一般傾向簡單就好，直接買現成的使用。

4至6人份

· 250克瑞可達乳酪

· 50克易碎質地山羊乳酪
（或帕瑪森乳酪，如果
你偏好這味）

· 1顆無蠟檸檬

· 1把新鮮薄荷
（約20克）摘葉切碎

· 1把新鮮蝦夷蔥
（約20克）摘葉切碎

· 1張千層酥皮
或自製極簡版酥皮
（請看第310頁）

· 2把蘆筍

· 橄欖油

· 1顆蛋

以攝氏200度對流模式預熱烤箱。

將瑞可達乳酪和山羊乳酪放入碗裡，以鹽和黑胡椒調味。刨入整顆檸檬的皮屑，並擠進半顆檸檬汁，攪打直到滑順，加入大部分的香草（預留一些最後做裝飾），加以混拌。試味道，視情況微調。

將千層酥皮放在鋪有烘焙紙的烤盤上，擀成長方形。沿著派四邊，在距離酥皮邊緣約3至4公分處切劃框線，此舉能讓外圍的酥皮膨高，請小心別切劃到底。

將蘆筍根部老莖折去——我會把一週內折斷的部分留存下來，用來熬湯，充分利用正值盛產季節的蘆筍。將瑞可達乳酪鋪在酥皮上，注意不要溢出框線。再一一排上蘆筍，淋橄欖油並調味。將蛋打散，在酥皮邊緣塗上蛋液，烘烤後才會有漂亮的金黃色澤。烤約20至30分鐘，直到塔皮香酥並高高膨起，取出後撒上預留的香草，再擠些許檸檬汁，趁熱享用。

盤 子 上 的 春 天

SPRING ON A PLATE

這道菜美味到我願意天天吃，清盈舒心、新鮮健康，堪稱我餐桌上春末亮點之一。其靈感來自一道義大利以朝鮮薊為焦點燜煮的春蔬經典燉菜（vignarola）。我發現在多塞特並不容易買到幼嫩的朝鮮薊，所以我選用這個時節能自家種植且個人偏愛的蔬菜取代：如甜豆仁、蘆筍、蠶豆、小寶石萵苣和香草。

這道菜用的技巧是燜煨：一種溼炒的烹調手法，讓所有食材保持溼潤多汁，但又不至於溼潤到軟爛。我一般會在炒鍋旁備瓶白酒，時不時淋一些，好讓蔬菜不至於乾掉，不過你也可以加水。不管用什麼液體，最重要的是一點一點放入。在過程中，不斷試吃確認口感，直到個別元素都烹調完美，其訣竅就是：掌握好每樣食材下鍋的時間。

4人份

· 800克蠶豆
　去莢後約250克

· 5大匙橄欖油

· 1顆大顆洋蔥，切碎丁

· 3瓣大蒜，切碎

· 1把蘆筍，約 250克
　尖端保持完整，尾段
　老莖去掉，餘切成圓
　胖小段

· 1瓶白酒（不必全下）

· 200克冷凍甜豆仁
　（或者400克鮮豆）

· 1棵小寶石萵苣，粗切

· 1把新鮮薄荷和羅勒，
　切碎

· 2顆無蠟檸檬

· 250克瑞可達乳酪

取鍋注水，煮至沸騰，以鹽調味，放入蠶豆滾煮幾分鐘，瀝乾後立刻放進冰塊水裡以終止餘熱烹調。掐一下豆莢，可愛的豆子就彈出來了。

取一只大鍋，倒入橄欖油，下洋蔥和大蒜，以鹽調味，拌炒約10分鐘，直到洋蔥變得軟甜，小心避免把大蒜炒焦。放進蘆筍，灑一點白酒，不斷翻炒約幾分鐘，直到蘆筍將軟未軟時，接著放甜豆仁。同樣邊煮邊調味，時不時灑點白酒，讓鍋子保持溼潤，可是也不能灑太多。你不想鍋子燒乾，但也切忌太溼。總之不斷試吃，確保蔬菜口感是對的。

甜豆仁不需要久煮，所以反覆試到理想為止，此時，可以放入萵苣了──你要的是稍微軟化但又不失生脆的口感。這時即可關火，而且餘熱還會繼續煮熟。

放入蠶豆和大部分的香草（預留一點最後做裝飾），刨進檸檬皮屑，略攪拌，試味道，並視情況微調。

最後，將瑞可達乳酪放入一只大碗裡，攪打直到質地變得輕盈膨鬆。刨進第二顆檸檬皮屑，加一點鹽和半顆檸檬汁，攪打至完全融合，試味道。

　　每個餐盤上舀一勺瑞可達乳酪，稍微推開，然後放上
燜煨好的春蔬，淋些許橄欖油，再撒香草，擠點檸檬汁。
我喜歡搭配香蒜烤麵包，但是做為歐姆蛋內餡，或者搭配
和魚肉或羊肉滋味絕讚。

菠菜濃湯
SPINACH SOUP

菠菜濃湯簡直是我家廚房裡的生存命脈——如果劃開我們全家人的血管，搞不好會流出綠色血液。我家至少每兩週會做一大鍋這道生機無限的養生湯品。滋養、癒療且無敵美味，辛勤工作一整天，每當累得完全沒力氣下廚時喝，尤其完美——及時補充切合需要的鐵質，馬上元氣大振。搭配溏心蛋及脆皮麵包，或甚至只配一片香煎魚排都很棒。

我少說也做過上百碗這道湯品了，但從來沒有哪兩碗喝來一模一樣，有時候在波菜裡加入一籃蕁麻或熊蔥，或整個以黑葉羽衣甘藍取代，做出綠上加綠的版本。我也常拿西芹頭來替換馬鈴薯、加更多韭蔥，或用蔬菜高湯取代雞高湯。有時濃稠，有時薄稀，有時用法式酸奶油，有時加斯蒂爾頓藍乾酪。大家應該明白我的意思：這湯有無限可能性。永遠不要被食譜束縛，尤其是湯品。

5至6人份

· 30克奶油

· 2大匙橄欖油

· 2顆洋蔥，切細絲

· 2根韭蔥，切碎

· 3瓣蒜頭，粗切

· 150克馬鈴薯，去皮切丁

· 1公升雞高湯或蔬菜高湯

· 600至800克菠菜
（800克可煮出濃綠又滿滿菠菜味的湯，可依個人喜好以黑葉羽衣甘藍、熊蔥或青花菜取代部分菠菜）

· 100克法式酸奶油，多備一些盛盤用

· 1/4個肉荳蔻

取一大鍋，中火加熱，倒入橄欖油並融化奶油，放洋蔥、韭蔥和蒜頭，以一大撮鹽調味，炒至所有食材軟甜，約15分鐘，小心避免食材炒焦。

放馬鈴薯和高湯，加熱至微滾，持續煮至馬鈴薯完全鬆軟，放入菠菜，將菜葉混拌進熱高湯，蓋上鍋蓋，略煮1分鐘，時間越短越好，到菠菜差不多縮水，呈現深綠色澤。立刻放入果汁機或使用手持式攪拌棒攪打，盡可能打到最細滑的程度。

加進法式酸奶油，磨進肉荳蔻，再次攪打，試味道，視需要而微調。湯品需要不少鹽，所以反覆試到滿意為止。

趁熱盛盤，舀進一勺法式酸奶油，淋些許橄欖油，再配上滿滿奶油香的麵包。這湯冷藏保鮮效果好，每次只要加熱所需用量，請文火加溫，否則「美色」不保。

菠菜、煙燻鱒魚與法式酸奶油義大利麵

SPINACH, SMOKED TROUT & CRÈME FRAÎCHE PASTA

這道菜美味到在我第一次做之後，就立刻晉身快速上桌的固定班底。只用一鍋，迅速搞定又無敵簡單，可以是一年四季都理想的簡便晚餐。我們常煮，你也可以使用煙燻鮭魚，但我個人盡可能選用鱒魚，因為養殖鮭魚有相當嚴重的永續問題，而多數野生種群已瀕臨崩盤臨界點。

2人份

· 200克菠菜
· 200克義大利麵
 （筆管麵，但不管是
 哪一種都適用）
· 100克煙燻鱒魚
· 2至4大匙法式酸奶油
· 1顆無蠟檸檬
· 1小撮肉荳蔻粉
 （可省略）

取鍋注水，以鹽調味，煮至沸騰後放入菠菜，滾煮不超過20秒，以料理夾取出，放進濾盆。接著下筆管麵，煮至彈牙口感。

煮麵的同時，以冷水沖涼菠菜，然後盡可能擠出所有水分，看是要包在布巾裡，或是用力擰乾。至此，你有兩種作法：將菠菜、鱒魚和法式酸奶油放入果汁機，攪打成粗粒的泥醬，或是把菠菜捏成一顆圓球再粗切，而鱒魚切小塊。

義大利麵煮至彈牙口感後，先預留一杯煮麵水，接著倒掉濾出筆管麵，再把麵放回熱鍋中，放入菠菜、鱒魚和2大匙法式酸奶油，刨進檸檬皮屑，以大量黑胡椒調味。調進一點煮麵水，攪拌至濃稠，並持續加入法式酸奶油和煮麵水，直到汁水達到好好包裹麵條的稠度。擠入些許檸檬汁，以鹽調味（加點肉荳蔻粉也很讚），攪拌均勻，試味道，直到風味平衡為止。立即盛盤開吃。

這道食譜也很方便做雙倍或三倍量，這個情況下，可活用果汁機攪打醬汁又快又好。

熊蔥蘆筍奶油培根義大利麵

WILD GARLIC & ASPARAGUS CARBONARA

同個季節一起生長的食材，風味上也是天作之合。而這兩位春天當季要角——蘆筍和熊蔥，更是超級好朋友。變化無窮盡：早上和雞蛋搭檔，可用於絲滑的義式燉飯、澆淋在布拉塔乳酪上，或是和蟹肉與溫熱新馬鈴薯拌在一起。這裡分享的則是一道用風乾豬頰肉、蘆筍、熊蔥、檸檬皮屑，和佩克里諾羊奶乳酪製作的奶油培根義大利麵。或許食材、作法並非傳統，但絕對是天堂級美味，味道濃郁強烈，三兩下就能完成，是我早上幫小羊接生或在菜圃掘土勞動之後的絕佳春日午餐。

5人份

· 250克風乾豬頰肉
　或上好義式五花培根，
　切成適口大小丁塊

· 1大匙橄欖油

· 500克細扁麵或筆管麵

· 2顆全蛋和2顆蛋黃

· 30克帕瑪森乳酪
　刨細絲

· 40克佩克里諾羊奶乳酪
　刨細絲

· 2把蘆筍（約500克）
　尾段老莖去掉，餘切
　成圓胖小段，尖端保
　持完整

· 200克左右熊蔥，切碎

· 1顆無蠟檸檬

取一厚實鍋具，文火煎風乾豬頰肉，倒少許橄欖油助其一臂之力，讓肉在自身釋出的油脂中慢慢焦糖化。

將煮麵的大鍋水煮滾後，以鹽調味，放入細扁麵。將全蛋、蛋黃，兩款乳酪，和適量現磨黑胡椒，放入一只碗裡，混拌融合。

在麵條煮好前3分鐘左右的時候，另外將蘆筍連同一點煮麵水，放入煎豬頰肉的鍋裡，稍混拌，中火煮約2分鐘。放入熊蔥，繼續拌炒，這時候，蘆筍的熟度應該是剛好的——保持其口感和鮮綠顏色。

此時，麵條應該已達理想熟度，先舀出兩杯煮麵水，濾出麵條，放進料理蘆筍的鍋具，將鍋子從爐台上移開，加一點煮麵水到蛋液裡，快速攪打，再一點一點慢慢將蛋液倒入義大利麵，其間不斷攪拌，使醬汁乳化。當所有蛋液都混進麵條裡時，再慢慢加入剩下的煮麵水，直到達到理想稠度——我通常至少加到一杯的量。最後，應該會調製出能巴住蘆筍和麵條、質地濃郁光滑的醬汁。

刨點檸檬皮屑，甩動鍋具，試味道，小心下鹽，因為風乾豬頰肉和煮麵水都挺鹹的。立刻開吃，培根奶油義大利麵絕不能等。

羅 勒 布 拉 塔 乳 酪 魔 鬼 義 大 利 麵

PASTA DIAVOLA WITH BURRATA & BASIL

對我來說，這道義大利麵適合這樣的完美情境。浪漫的夜晚，想做點什麼取悅心儀的對象——該煮什麼好呢？你需要一道簡單又令人驚豔的菜。貴客抵達前廚房不會狼藉一片，沒有油煙，毫不凌亂，而且一點也不麻煩；一道可以一邊聽音樂啜飲美酒，一邊談笑風生、輕鬆煮就的精彩料理。就是它了：無比簡單的香辣番茄義大利麵，有羅勒和大蒜的香氣躍然其間，足夠讓你感到些許刺激的辣度。上頭的布拉塔乳酪流淌到下方的麵條，適時緩解辣度。既優雅又火辣，兩者皆是這一夜最至關重要的事。

2人份
但可以製作雙倍量

· 3瓣大蒜，拍碎去膜

· 3大匙橄欖油

· 1個小洋蔥，切極碎

· 1至2小撮紅辣椒碎
  （你希望有辣度但勿過度）

· 1大匙番茄糊

· 1罐400克番茄罐頭
  （聖馬札諾品種最優）

· 幾株新鮮羅勒

· 20克奶油

· 1又1/2小匙細砂糖

· 200克義大利麵
  （雙槽麵或筆管麵皆可）

· 1球布拉塔乳酪（室溫）

將大蒜和橄欖油放入鍋中，開火讓油慢慢升溫，直到大蒜嘶嘶作響，目的是藉由浸漬煸出蒜香，而非讓大蒜上色。放入洋蔥、紅辣椒碎和番茄糊，煮約10分鐘，直到洋蔥變軟。接著將罐頭裡的番茄剪成塊，倒入鍋中，用少許水沖洗罐內殘汁，再把汁水也倒入鍋中。攪拌均勻，放進一株羅勒，加熱至微滾。讓醬汁維持在將滾未滾的狀態，煮20分鐘，直到汁稠味濃。

此時，混入奶油和糖，試味道，視需要微調。糖的作用是中和番茄的酸，你得下足夠的量來達成這個目的，但又不至於多到嘗起來是甜的。

這時可以開始煮麵，確認水煮沸，且已經下了鹽後再放入義大利麵。煮麵時，讓醬汁保溫。麵煮好時，預留一杯煮麵水，再濾出麵條。將麵條加入醬汁，確實拌勻，舀入足量的煮麵水，淋些橄欖油，直到醬汁滑順，能好好巴住麵條為止。

舀入深盤裡，將布拉塔乳酪撕開為二，放在麵條上，撒上鹽，再淋一些橄欖油，飾以羅勒葉。

蟹肉蘆筍義大利燉飯

CRAB & ASPARAGUS RISOTTO

蟹肉和蘆筍是超級好朋友，鹹與甜的細膩混搭，有種難以言說的絕妙滋味。在這裡，它們一起成就出美呆了的義式燉飯，最後一刻才拌入的蟹肉，無縫融入醬汁，散發淡淡的茴香和檸檬氣息，讓整道菜生氣勃勃起來。利用掰下來的蘆筍老莖熬出的高湯更有味，茴香丁保持形體，增添口感。茴香或香葉芹，會是我的香草選擇，不過除非你自己種（真的超簡單），否則不容易買到，如果是這樣的話，我會用一點蒔蘿或龍蒿。

4人份

· 1至1.5公升魚高湯
（或者蔬菜高湯）

· 300克蘆筍（2把）
除去尾段老莖，保留
入高湯，其餘切成適
口大小

· 1顆洋蔥，切極碎

· 1顆茴香頭，切碎丁

· 100克奶油

· 2大匙橄欖油

· 3瓣大蒜，切碎

· 3小匙茴香籽

· 300克義大利燉飯米

· 1杯白酒

· 250克白色與棕色蟹肉
（差不多兩隻螃蟹挑出
來的量）

· 1顆無蠟檸檬

· 1把新鮮香草（請看前言）
切碎

整個烹煮義大利燉飯的程序中，維持正確的溫度是關鍵──為了不至於煮到天長地久，你希望鍋子夠熱，但又不能太熱，導致焦鍋或黏鍋。所以必須不停攪拌，靜定下來，好好享受這個過程吧！烹煮時使用厚實鍋具，一旁則低溫加熱高湯，記得加入除掉的蘆筍老莖增添風味。

首先，以30克奶油和些許橄欖油，文火炒洋蔥和茴香，放一大撮鹽，把洋蔥煮至軟甜，約12至15分鐘。加入大蒜和茴香籽，給它們幾分鐘讓油焗出香氣，接著倒入燉飯米，慢慢把米炒香約3分鐘，不斷攪拌，讓油包覆住米粒。

倒入白酒，先煮掉酒精，再舀入第一勺高湯，當米粒完全吸收高湯，再舀第二勺。一開始，湯汁很快會被吸收，但速度會越來越慢。繼續重覆同樣動作，持續攪拌，直到米粒差不多煮熟，約15至20分鐘。

當你判斷米粒差不多再煮5分鐘就大功告成時，加入蘆筍和一大撮鹽，利用燉飯的熱度煮熟蘆筍，所以重覆之前加高湯的動作。5分鐘後，蘆筍已熟，但仍保有宜人口感，燉飯也應該差不多了，再放入所有蟹肉使其溫熱，仔細攪拌，讓棕色蟹肉全數化於燉飯裡。刨入檸檬

皮屑，試味道，雖然蟹肉是海味，但我常覺得它需要足量
的鹽。放入香葉芹和剩餘的奶油，用力攪打使其融入燉飯
裡。如果覺得稍乾，就再加點高湯——燉飯應該頗溼潤，
但又夠稠且多汁。

最後一次試味道，淋上些許橄欖油，再擠點檸檬汁，
便可盛盤上桌。

馬鈴薯煎餅、煙燻鱒魚佐辣根醬和水芹沙拉

POTATO LATKES, SMOKED TROUT, HORSERADISH & WATERCRESS

如果你週日有餘裕慢慢度過，這道菜便是你能烹煮的最棒早餐之一：有洋蔥、大蒜，和迷迭香加持的馬鈴薯煎餅，酥香有咬勁，佐以正宗帶勁的辣根醬汁，和肥腴煙燻鱒魚。滋味和諧，是至高無上的享受——它會成為經典不是沒有理由的，吃來令人無比喜悅。拜託你一定要自製辣根醬，真的超級簡單，但風味天差地別。如果你有求於人，想要道歉或是表達愛意，只要帶上這一道菜做為床上早餐，對方肯定會接受的。

5人份

馬鈴薯煎餅

· 1.2公斤梅莉絲吹笛手
  馬鈴薯（Maris Piper）

· 1顆洋蔥

· 1顆全蛋和2顆蛋黃

· 3瓣大蒜，切碎

· 1小把新鮮迷迭香
  取葉，切碎

· 40克奶油，融化

· 橄欖油，煎餅用

盛盤

· 自製辣根醬
  （請看第308頁）

· 2把水芹

· 些許檸檬汁和橄欖油，
  調醬汁用

· 足量優質煙燻鱒魚

首先依照第308頁食譜調製辣根醬。接著製作馬鈴薯餅，將馬鈴薯一一去皮，剝除洋蔥外膜，用刨絲器的粗孔，將洋蔥和馬鈴薯粗刨在乾淨的大茶巾中心處。茶巾四角收攏後，就著水槽用力扭轉，盡可能擠出所有汁液，移放在濾盆裡，大方撒鹽調味，靜置10分鐘讓鹽幫助馬鈴薯出水，用手扭擠最後一次，倒入另一個大碗。加入全蛋、蛋黃、大蒜、迷迭香和融化奶油，以黑胡椒調味，攪拌直到完全混勻。

取一只大型不沾鍋具，以中火加熱，入橄欖油，油溫夠熱時，舀3或4大勺馬鈴薯混料，稍微整型，分批煎至兩面金黃香酥，每面大約10分鐘。

以少許檸檬汁、橄欖油和海鹽調拌水芹，與馬鈴薯泥、辣根醬和厚切煙燻鱒魚一起盛盤。

香酥魚排三明治佐薄荷豌豆和塔塔醬

CRSPY FISH BAPS WITH MINTED PEAS & TARTARE SAUCE

鬆軟圓麵包、香酥魚排、奶香豌豆仁和滋味馥郁的塔塔醬……怎叫人不愛呢？這是兒時魚排漢堡的成人版，吃來過癮，且滿滿懷舊氣息。說真的沒什麼訣竅，就是去買那種柔軟到手指一壓就會凹陷的圓麵包，保持塔塔醬的口感，然後奶油豌豆塞到滿溢就對了。我個人覺得多佛鰈魚和檸檬鰈是上選，但要是使用稍微厚身的魚種的話，只要將油炸溫度調至攝氏170度，讓麵包炸粉慢慢變成金黃色，屆時魚片也差不多應該熟透。至於塔塔醬，我喜歡讓酸豆和酸黃瓜保持一定口感。蒔蘿是我的偏好，但不少香草也都適用，像茴香葉、龍蒿、香葉芹、酸模葉和巴西里。

4人份

· 400克冷凍豌豆
· 40克奶油
· 1顆無蠟檸檬
· 1把新鮮薄荷，摘葉切碎
· 150克中筋麵粉
· 2顆蛋
· 150克日式麵包炸粉
· 4片白肉魚排
· 可供淺炸的足量葵花油
· 4個圓麵包

塔塔醬

· 250克天然優格或自製
　美乃滋（請看第307頁）
　我喜歡混合兩者各半的
　版本
· 80克酸黃瓜，粗切
· 50克酸豆子，粗切
· 1顆紅蔥頭，細切
· 1把新鮮蒔蘿（20克）細切

將一鍋水煮滾，倒入豌豆，試吃一兩個，直到口感理想為止（約4分鐘），濾出。搖晃濾勺盡可能甩掉更多水分，將豌豆倒回鍋中，放入奶油。離火，用馬鈴薯壓泥器壓碎豆子（或用食物調理機），刨進檸檬皮屑，加入薄荷，以鹽和黑胡椒調味，視情況微調——它們可能會吶喊著「再多給我點檸檬汁」，但切勿此時放入，否則豆子會變成棕綠色。但務必記得盛盤前，再擠些許檸檬汁入菜。

塔塔醬則把所有食材放在碗裡混勻，試味道，酸黃瓜和酸豆的大小風味差異不小，因為有時醋味實在太強，先稍微沖洗比較保險。但製作塔塔醬，放手依照你的口味調整分量，加更多酸黃瓜、檸檬和香草，或加優格增添風味，但要小心別太酸。

取三個盤子，或寬口淺碗：一個放麵粉，一個放蛋，一個放日式麵包炸粉。以鹽略調味麵粉，蛋打散。

一次處理一片魚排。先裹上麵粉，甩掉餘粉，再移到蛋汁碗，同樣兩面沾裹，讓餘汁滴落，再移到麵包炸粉，在其間翻滾幾次，直到完全沾滿麵包炸粉——我覺得將魚片略壓進麵包炸粉效果更佳。放到另一只盤子裡

備用，以同樣方式處理剩下的魚片。

　　取一只適合煎炸的寬口深鍋，倒入足量葵花油，中火加熱，最理想的淺炸溫度是介於攝氏170至180度之間，所以如果有溫度計，不妨拿出來用，或者以一小撮麵包炸粉測試——麵包炸粉應該一入油就嘶嘶作響，然後慢慢變成金黃色。如果安靜無聲，表示油不夠熱，如果迅速變金黃色，意謂油溫太高。油炸大概需要一到兩指深的油量。

　　當一切就續，將魚片小心放入熱油裡，你可以選擇分批或一起放入。先把一面炸至金黃，再翻面續炸。這大概只需要幾分鐘時間，如果用的魚片稍厚，就以稍低溫度起炸，最後再拉高溫度，加速炸粉上色。取出炸好的魚片，置於鋪有廚房紙巾的盤子上，吸去多餘油脂，以海鹽片和足量現磨黑胡椒調味。

　　炸魚的同時，可切開圓麵包，稍微炙烤一下。麵包底層放上一大勺塔塔醬，接著放上炸好的魚排，再舀上大量薄荷豌豆，最後再來一勺塔塔醬，蓋上圓麵包上層。懷舊幸福滋味等著你呢！

韭 蔥 培 根 蘋 果 酒 煮 淡 菜

MUSSELS, LEEKS, BACON & CIDER

我曾經在退潮時分的蘇格蘭岩石間採淡菜,在海灘上就地堆漂流木起火,大鍋烹煮,火舌舔著燒得烏黑的鍋邊,蓋子彈跳拍打,噴發熱氣……這是一段極美好的回憶。返家時,我們總會重新回味那些假期,在水槽拔除淡菜的鬚足,輕敲打開的外殼,確認可以再度閉闔,然後把熱騰騰的法棍,從烤箱裡直接拿到餐桌。我必須承認,那時其實並不愛淡菜,但是我的老天啊!我愛死了用熱麵包蘸食那醬汁的滋味。

如今,我愛的已經不僅僅是醬汁了,法式白酒淡菜鍋(moules marinière)已經是我特別喜歡實驗風味的菜色了,用義式辣香腸或煙燻黑鱈魚,以苦艾酒取代白酒,用蛤蜊而非淡菜……而這道以不甜的蘋果酒、煙燻培根和新出土的韭蔥烹製的版本,尤其特別。
(照片請看第135頁)

2至3人份

· 200克煙燻五花培根
　粗切

· 1大匙橄欖油

· 3瓣大蒜,切薄片

· 1小匙茴香籽(可省略)

· 400克韭蔥,細切

· 1公斤淡菜

· 1大杯不甜蘋果酒

· 150毫升雙倍乳脂鮮奶油

· 1小把足量新鮮巴西里碎

· 熱法棍,盛盤用

取一只大鍋,加少許橄欖油,煎培根逼出油脂,下大蒜和茴香籽(如果使用的話),使其浸潤在油裡幾分鐘。加入韭蔥,用1大撮鹽調味,煮到韭蔥軟甜。你不希望韭蔥變色,所以必要時可以加一點水降溫。

烹煮韭蔥時,一邊留意鍋內狀況,同時處理淡菜。我會把淡菜倒到盆子裡,注水蓋過,並放入足量的鹽。如此可以完全洗淨殼上的砂礫,也能喚醒淡菜。然後,旁邊備一大碗方便一個個揀選,拔掉鬚足(如果是煮一大鍋的量,我會用小鉗子來執行,以保護指甲),同時敲敲打開的殼,確定會闔上。

活著的淡菜外殼會緊閉,烹煮時會打開,露出鮮美貝肉,所以若生的淡菜敲殼後沒閉上,最好捨棄;如果煮熟之後,殼依然緊閉,請丟棄較好。值得提醒的是,即便外殼破損,並不表示淡菜是壞的。

接下來,得要迅速而一氣呵成。確認鍋子夠熱,倒入蘋果酒,與韭蔥摻和,煮至熱氣蒸騰,放入淡菜,蓋上鍋蓋。稍微搖晃鍋子,緊閉鍋蓋2分鐘。打開蓋子,

以大湯匙翻動一下淡菜，因為鍋底會比上頭熟得快，再蓋上鍋蓋1至2分鐘，但基本上，當殼打開時，就意謂著已煮熟，可以離火。倒入雙倍乳脂鮮奶油，放巴西里碎，磨入足量黑胡椒，以鹽調味。再好好攪拌，讓所有風味大融合，趁熱連大量醬汁舀入深碗裡，配上熱法棍和冰鎮蘋果酒。真是天堂滋味！

香草檸檬蘆筍烤魚

BAKED FISH WITH HERBS, LEMON & ASPARAGUS

這是料理魚鮮最棒的方式——我愛死了！要把魚料理做好，的確沒那麼容易，但這個紙包魚的方法非常實用且不容易失誤。烘焙紙可以保護魚免於烤箱嚴酷的對待，使其徐緩溫柔地煮就，獲致一個有蔬菜為襯底，泅泳在自身汁液裡，入口即化的魚料理。你可以隨興選擇不同鮮蔬，而且這更是個適用所有季節的烹調方式。

和我們哺乳動物比起來，魚一生都活在酷寒的環境。因此，與肉相較，魚在相對低的溫度便能煮熟。我學會一個最棒的訣竅就是趁烹煮時，拿一根烤肉細叉（或刀子），叉入魚的中央部位停留幾秒，然後取出，輕觸嘴唇，如果是溫的，魚便已熟；如果感覺熱燙，就已經煮過頭。這裡可以使用任何白肉魚——鰈魚、狹鱈、比目魚、鮟鱇魚、鱈魚、大菱鮃或無鬚鱈，都很棒——問魚販當日哪條魚最鮮，就用哪款魚吧。

4人份

· 200克迷你櫛瓜

· 1大把蘆筍，約250克
  去掉尾段老莖

· 100克冷凍豌豆

· 3大匙橄欖油

· 1大片或4小片新鮮白肉
  魚菲力

· 40克，奶油，切薄片

· 1顆無蠟檸檬，切薄片

· 1小杯不甜白酒

盛盤用

· 奶香澤西皇家馬鈴薯泥
  （或任何品種的新馬鈴薯）

· 新鮮香草如熊蔥
  或蝦夷蔥、蒔蘿、香葉芹、
  茴香葉、薄荷等等。

以攝氏180度對流模式預熱烤箱。

櫛瓜切成約小指粗的圓片，同樣方式處理蘆筍，但保留完整尖端。

烤盤鋪上鋁箔紙，再放烘焙紙，確保兩者邊緣高起。鋪上櫛瓜、蘆筍和豌豆，淋橄欖油，以鹽調味，搖晃烤盤，混拌蔬菜，烤約15分鐘，直到蔬菜嘶嘶作響。拿出烤盤，放上魚片，以鹽和黑胡椒調味，再放上奶油和檸檬片，倒入足量白酒，包起烘焙紙，再放入烤箱，烤約15至20分鐘，直到魚剛好熟透。

取出烤盤，淋些許橄欖油，舀一些混著酒和奶香的烤汁在魚片上。和奶香薯泥一起盛盤，撒上大量香草，熊蔥和蝦夷蔥是我的最愛。

蒔蘿、香葉芹、茴香葉和薄荷很理想，佐點檸檬美乃滋也極好。

檸檬茴香馬鈴薯烤雞

CHICKEN ROASTED OVER LEMON, FENNEL & POTATO

當你以一整個烤盤的當季時蔬烤全雞時，餐桌上就會出現夢幻奇景：雞皮冒起小泡，質地開始嘣脆，油脂肉汁汨汨泌出，流淌至底下的蔬菜，因吸飽所有精華而千滋百味，口感也變得焦香軟糯。這裡有一烤盤的茴香、新馬鈴薯和檸檬，還有月桂葉和一整顆大蒜，是我們經常在家烹煮的菜色之一。

烘烤的時候，底下的大蒜和檸檬染香了雞肉，噴發的熱氣則使整隻雞多汁水潤。花最少的工夫，只用一只烤盤，邊烤邊自製醬汁，真的是太值得表揚的一道菜。配上鮮辛綠葉沙拉，與蒜泥蛋黃醬或西班牙烤紅椒堅果醬……是足以上呈給國王享用的週日午餐。

5人份

- 1隻有機全雞
- 橄欖油
- 800克新馬鈴薯
- 1整顆大蒜
- 1顆無蠟檸檬
- 3顆茴香頭
- 5片月桂葉
- 1杯不甜白酒
- 1大匙奶油（可省略）

盛盤用

- 蒜泥蛋黃醬（請看第307頁）或西班牙烤紅椒堅果醬（請看第192頁）
- 綠葉沙拉

我偏好用蝴蝶片法將全雞去脊攤平，若你想整隻烘烤，只要再多烤約20分鐘上下即可。去脊攤平全雞的作法是：先拿一把鋒利的廚房用剪刀，沿著脊椎一側往下剪，然後翻面，把全雞攤開壓扁。不過這個步驟，你的肉販肯定會樂於效勞。接下來，將雞的全身盡情塗抹橄欖油，撒足量的鹽。靜置於流理台約1個小時左右，讓鹽能滲入雞肉，同時也讓全雞退冰至室溫。

以攝氏240度對流模式預熱烤箱。

全雞退冰的同時處理蔬菜。馬鈴薯依大小決定，看剖半或分切成四塊，用力拍打蒜頭，使其露出所有瓣片，再一一稍微拍裂；檸檬切成四等份，再切成1公分的薄片，大略垂直粗切成大片，將所有蔬菜、月桂葉、檸檬，放入一個大深烤盤裡，勿堆疊太高，以免烤不均勻。淋上足量橄欖油，再以鹽調味，搖晃烤盤，讓所有蔬菜都沾上鹽和油。

全雞放到蔬菜上，送進烤箱，高溫烘烤約20至30分鐘，直到外皮開始染上些許好看色澤的時候，倒入白酒，讓烤箱的熱氣稍散，調降至攝氏140度對流模式，再

烤約20分鐘左右，直到全雞最厚部位達攝氏66度，或是流出的汁液無血水。取出烤雞，將烤箱調升至攝氏180度對流模式，仔細攪拌蔬菜後，放入烤箱續烤直到完成。如果蔬菜看起來有點乾，就再倒些許白酒，甚至放一兩匙奶油。取出的雞隻上頭虛蓋一張鋁箔紙，靜置於大餐盤，好盛接住流出的汁液；這段靜置時間，餘溫會將全雞烤熟，並且回流汁液。

15分鐘後，你應該會有一隻充分靜置過的全雞，和烤到十分完美的蔬菜。將所有流出的雞汁倒入蔬菜烤盤，全雞重置於蔬菜上，直接在烤盤裡大卸八塊。享用時配上一大份烤蔬菜，及盤底裡希望還有的殘餘烤汁。可以來一大匙蒜泥蛋黃醬，或西班牙烤紅椒堅果醬，或是雙醬一起上。我的最愛之一，莫過於用一點檸檬及橄欖油，和烤蔬菜及雞烤汁混拌而成最後收尾的沙拉。

烟燉茴香番茄香腸佐滋潤玉米糊

BRAISED SAUSAGE, FENNEL & TOMATO STEW with wet polenta

我超愛煮香腸燉菜。這道有番茄、橄欖和茴香，很吸睛的料理，無疑是個在霜冷春晨後適合享用的完美午餐。羊隻們在田野裡咩咩叫，小山羊需要奶瓶餵食，蔬菜園圃裡有護蓋物覆住根土的數小時勞務靜待完成。還有什麼比一道受煙花女義大利麵啟發，帶著紅辣椒的暖辣，及卡拉馬塔橄欖鹹鮮的飽足番茄燉菜更棒的呢？香腸和茴香在醬汁裡煮就，吸收所有風味，吃來無比軟嫩。我喜歡搭上一份奶油噴香溼潤的玉米糊，盛在湯碗裡，坐在火爐旁趁熱享用。但配上米飯、馬鈴薯，甚至拌義大利麵，也都很理想。（照片請看第145頁）

5至6人份

· 10至12根直布羅陀香腸
（如果你偏好更粗的香腸
也可以）

· 些許紅酒

· 5瓣大蒜，拍裂後粗切

· 5片鯷魚

· 2小匙茴香籽

· 1撮紅辣椒碎

· 2顆大洋蔥，切碎丁

· 2至3顆茴香頭
視大小而定，切片

· 幾片月桂葉

· 2罐400克李子番茄罐頭

· 1瓶去核卡拉瑪塔橄欖
濾出後約160克

盛盤用

· 切碎新鮮巴西里

· 橄欖油

取一厚實鍋具先煎香腸，目的是快速讓外表焦糖化，但內裡則尚未熟透，一旦香腸開始上色，就可以取出備用。將火力轉小，倒一點酒洗鍋收汁，並刮除鍋底焦渣，放大蒜、鯷魚、茴香籽和紅辣椒碎，慢慢煸香化入煎香腸釋出的油脂裡，務必小心不要染上焦色。幾分鐘後，當鯷魚融化，加入洋蔥和一大撮鹽，炒約10至15分鐘，直到軟甜，如果感覺快開始或即將黏鍋，就適時灑點水。

一旦洋蔥變得軟甜，放入茴香、月桂葉和番茄，以少許水沖洗罐頭裡的殘汁，將水也倒入鍋內，以鹽和現磨黑胡椒調味，蓋上鍋蓋，文火滾煮約1個小時，時不時攪拌，直到茴香軟化，醬汁變稠。

茴香軟化時，放入香腸和橄欖，充分攪拌，不蓋鍋蓋，續煮約5至10分鐘，讓風味好好大融合，如果你用肥潤一些的香腸，可能需要煮稍微久一點才會完熟，最後再試一次味道。

5至6人份

· 750毫升水（或者全脂
  鮮奶），視需要追加

· 150克粗磨玉米粉

· 50克奶油

· 40克帕瑪森乳酪
  （或葛瑞爾乳酪）

滋潤玉米糊

　　一般來說，玉米粉的包裝上，會有粉粒與水的大致比例，所以我的食譜僅供參考。我個人偏好粗磨玉米粉，因為不管是口感或風味，感覺都更有趣，但需要花長一點時間烹煮，且必須不斷攪拌。所以如果你沒時間講究，就用速成版本吧！

　　鍋子裡注水後煮至沸騰（也可以用鮮奶做出濃郁版本），再轉小火至微滾，以鹽調味。慢慢如一股穩定水流般，將粗磨玉米倒入鍋中（我通常會拿水壺進行這動作），持續攪拌以避免結塊。鍋裡很快會開始變稠，像熔岩一樣冒泡——馬上轉小火，直到呈現微冒泡狀態。接下來30分鐘，差不多就是攪拌再攪拌。

　　當玉米粉口感柔軟的時候，可試吃一口，亦可加入更多水（或鮮奶）達到喜好的稠度。這裡不是要追求流動的質地，但希望它是鬆糊的。添入足量奶油，再豪爽刨進不少帕瑪森乳酪（葛瑞爾乳酪也很讚），加點黑胡椒也極好。拌一拌，試味道，檢視一下質地，因為盛盤後還會變稠。舀一大勺放進深碗，擺上香腸燉菜和大量醬汁。撒些巴西里碎，淋些許橄欖油。

　　這是本書收錄的食譜裡，我私心偏愛的一道，我願意為這一碗赴湯蹈火。

側 腹 牛 排 佐 鯷 魚 醬 和 櫻 桃 蘿 蔔

BAVETTE STEAK, ANCHOVY CREMA & RADISHES

這道菜裡的亮點是鯷魚醬，堪稱我的必備醬汁，類似一種祕密武器。它質地絲滑、鮮味十足且豐腴厚醇，基本上就是一款堪比天鵝絨般細膩的美乃滋，我用麵包增添稠度，並且以水煮蛋取代生蛋，讓整個質地更厚實。這蘸醬和慢煮羊肉很對味，搭上香酥烤雞腿十分完美，而製成脆口的櫻桃蘿蔔佐烤麵包，便是一道冷春的美好早點。我私心特別愛的吃法，則是用馬鈴薯、櫻桃蘿蔔、豌豆、小寶石萵苣、蘆筍和蠶豆，混拌檸檬、奶油及蝦夷蔥做成的溫沙拉，覆在厚厚的鯷魚醬上，然後盡情吮指蘸食。這裡則是與香嫩多汁牛排、水煮馬鈴薯和櫻桃蘿蔔聯合演出，相當美味。當然，也是僅供參考。

你需要一台夠力的快速調理機，然後盡可能緩慢地把油倒入，才不致油水分離，並一再試味道直到完美。這個醬冷藏一個星期保鮮沒問題，但我通常早在那之前就掃光。

4人份

鯷魚醬

· 2顆蛋
· 40克新鮮酸種麵包（去皮）
· 1罐鹽漬鯷魚，約10片
· 1瓣大蒜
· 1/2大匙第戎芥末醬
· 1顆檸檬
· 200毫升葵花油
· 60毫升冷水

首先製作鯷魚醬。先以6分半煮蛋，撈起泡冷水後殼。將蛋切成四等份，放入高速調理機。

麵包撕小塊後加入切好的水煮蛋裡，再把鯷魚連同罐頭裡的油脂、大蒜、半顆檸檬汁液（剩下備用）和鹽都加入調理機，高速攪打至滑順，並在攪拌機轉動的狀態下，以超慢動作如細流般倒入橄欖油，避免油水分離。如果覺得攪打吃力不順，加點水無妨，一直進行直到油全部混入，接著可以一點一點地加水，直到滿意醬汁的稠度。試味道，必要時再加點鹽和檸檬汁。嘗起來應該是風味強烈、質地腴滑，且極度美味。沒有要立刻享用的話，就先裝入玻璃瓶放冰箱冷藏。

將牛排從冰箱取出，兩面豪邁撒鹽，置旁退涼至室溫。刷洗馬鈴薯，放入鍋中，注水淹沒，以鹽調味，有薄荷就一起放入。加熱至微滾，煮至馬鈴薯鬆軟。同時，取一鍋具，加熱至燙，淋些許橄欖油在牛排上，放入鍋中。

- 4小塊側腹牛排，
  或1至2大塊牛排
- 400克澤西皇家馬鈴薯
  （或任何品種新馬鈴薯）
- 1根新鮮薄荷（可省略）
- 1大匙橄欖油
- 100克無鹽奶油
- 1瓣大蒜，拍碎
- 1根新鮮百里香
- 1把新鮮蝦夷蔥，切碎
- 1把櫻桃蘿蔔

將每塊牛排壓於熱鍋上，之後不予理會，克制翻移的衝動。你的目標是以最快速度，讓牛排表面焦糖化，再立刻翻面，烹製出同樣效果。一面大約只需2至3分鐘，接著調小火力，放入大約1/3的奶油、大蒜碎和一根百里香。讓奶油起泡，傾斜鍋具，用湯匙舀奶油淋在牛排上。差不多五分熟時起鍋，連同所有煮汁，靜置於一餐盤上約5分鐘，需要多長時間，全依你烹煮的牛排厚度而定。如果你有肉類探針溫度計，內部溫度應該在攝氏50至55度之間。

濾出馬鈴薯，放進剩餘的奶油，調味，加進蝦夷蔥（預留些許盛盤用），稍微攪拌馬鈴薯，使其分裂成塊，有助吸入奶油。盛盤時，舀一大匙鯷魚醬於餐盤，牛排切片，置於醬上，再鋪上馬鈴薯和櫻桃蘿蔔。將鍋裡殘留的奶油肉汁淋在餐盤上，最後再飾以蝦夷蔥和更多黑胡椒。

燉豌豆煙燻豬腳與薄荷

HAM HOCK, PEA & MINT STEW

在酷寒的月份裡，沒有什麼比一碗熱騰騰的湯更滋養的。吹了一整天冷得刺骨的風，當寒氣刺骨，那晚熱湯是我回家時更樂意看見的。煙燻豬腳可以熬製出最佳上湯之一種，用相對便宜而肉韌的部位，慢慢煨煮一道鮮濃的美味燉菜，乃是最上乘的老派烹調。要弄到一副上好的煙燻豬腳，需要花點時間和功夫（我是在網路上買到的），但你為此投入的時間與精神，絕對值回票價。

煙燻豬腳相對需要時間慢燉，起碼4小時，但這步驟，可以在前一日完成。只要把豬腳留在湯裡，在第二天完成烹調即可。剩餘下來的湯汁，則可以做成一道相當美味的帕瑪森烤大蒜豌豆湯。

6人份

水煮煙燻豬腳

· 1副煙燻豬腳，約1.5公斤
· 1根韭蔥
· 1根紅蘿蔔
· 2顆洋蔥
· 3片月桂葉
· 1塊帕瑪森乳酪殘餘邊角
· 幾顆黑胡椒粒

燉菜

· 3大匙橄欖油
· 2顆大洋蔥，切細丁
· 5瓣大蒜，拍碎
· 2根韭蔥，粗切
· 4根紅蘿蔔，粗切
· 3片月桂葉

首先，將煙燻豬腳、蔬菜、月桂葉和帕瑪森乳酪邊角，放入大鍋裡（容量大得足以納入所有蔬菜）。這個初始步驟最適合清冰箱——不管是韭蔥前段、乾癟的醜大蒜、培根角料、乾燥香草或巴西里長莖等，都可以扔進去。注水淹過所有食材，撒一小把黑胡椒粒和足量的鹽。加熱至微滾，撈掉表面浮沫後，慢慢滾煮約4至5個小時，直到煙燻豬腳骨肉可輕易分離。烹煮到這個階段，你可以選擇整鍋放涼至隔天，或是繼續料理。

接下來，拿出煙燻豬腳，置旁放涼直到不燙手。剔除所有腿肉，務必把所有油脂和皮膜都取下，它們是點菜成金的寶物。這時應該很軟嫩易落才對，我會用手將肉剝成適口大小的丁塊。把肉放在碗裡，舀一兩匙湯浸著。接下來濾出剩餘湯汁做為高湯，重點是拿掉全部煮軟的蔬菜，保留那些閃閃發亮的油脂極為關鍵，它能讓湯汁滋味豐美。

取一只厚實鍋具，加熱橄欖油，放洋蔥，炒至柔軟但不變色，約10分鐘。放入大蒜碎，炒幾分鐘，直到油煸出蒜香，放進韭蔥、紅蘿蔔和月桂葉，炒約5分鐘，主

- 1杯白酒或蘋果酒
- 800克馬鈴薯，粗切
- 200克珍珠大麥（可省略）
- 400克冷凍豌豆
- 1大把新鮮薄荷葉
  和巴西里，細切
- 脆皮麵包和奶油，盛盤用

要讓蔬菜風味融合，接著倒入白酒，煮至酒精揮發。

　　放入馬鈴薯和珍珠大麥（如果有使用的話），倒入足量高湯淹沒所有食材，滾煮至少30分鐘，或更久，直到馬鈴薯（及珍珠大麥）都軟化，放回煙燻豬腳，並加入豌豆，必要的話，再下高湯，你要的是一道名符其實的「湯」。豬腳溫熱後，試味道，視情況微調。吃幾顆豌豆確認熟度。記住這道菜湯水多，可能需要不少鹽。撒香草，以深碗盛湯，配著塗抹有益健康分量奶油的脆皮麵包一起吃。

珍珠大麥熊蔥燉羊肉

LAMB STEW WITH PEARL BARLEY & WILD GARLIC

每年我總是特別期待當冬季氛圍轉換為春日時序的那一天。可以在空氣裡感受到變化，有歡悅，也有一種重生的生命力。度過數月烏雲籠罩與雨水無休無止狂下的日子，終於撥雲見日，蒼白無力的冬陽，開始因為春天勃勃生氣而逐漸甦醒。山羊躺著做日光浴，鳥兒鳴唱更加響亮，野水仙花在林間綻放。蜂巢發出生命力十足的嗡嗡聲，或許最令人興奮的是，熊蔥和其他各種野生植蔬，也開始在河岸和樹籬間探頭。

這道菜來自於那些個從森林走回家的路上，採摘一大把幼嫩熊蔥的日子；渾身發冷之下，迫切渴望獲得滋養。於是便有了這一碗，包含入口即化的羊肉、滿滿時蔬和香草，還有口感舒心的珍珠大麥加持的豐盛美味燉湯。儘管熊蔥非常棒，但我知道它不容易入手，所以別擔心，用黑葉羽衣甘藍，甚或一大把巴西里，美味依然不分軒輊。（照片請看第155頁）

6人份

· 750克羊頸肉里肌
  （或厚切羊肩）

· 3大匙橄欖油

· 5瓣大蒜，粗切

· 3顆洋蔥，切細丁

· 5片鹽漬鯷魚

· 1大杯紅酒

· 3片月桂葉

· 幾根新鮮百里香

· 4根紅蘿蔔，切成丁塊

· 4根西洋芹，切細片

· 1.2公升雞高湯
  （請看第306頁）

· 200克珍珠大麥

· 300克熊蔥（或黑葉
  羽衣甘藍），粗切

· 蘋果醋或雪利酒醋，
  盛盤前淋上

首先處理羊頸肉，垂直對半切，再橫切成厚塊。大方撒鹽後，置旁約15分鐘，當你趁空準備蔬菜時，鹽有足夠時間滲入肉塊。

時間差不多時，取一厚實鍋具，倒入橄欖油，以中火加熱，油熱燙時放入羊肉，重點是在最快時間內，讓肉塊表面整面焦糖化，此舉會為湯帶來更濃郁而有層次的滋味。肉塊呈現金黃色澤後，取出置旁備用。

火力調小，放入熊蔥、洋蔥和鯷魚，炒約10分鐘，直到軟甜黏稠。倒入紅酒，煮到收乾一半時，放月桂葉、百里香、紅蘿蔔和西洋芹，續煮約10分鐘後，再放入羊肉，倒入高湯，蓋上鍋蓋，以微冒泡滾煮30分鐘。

此時不妨試味道並視情況微調，我想來點現磨黑胡椒應該會大加分。倒入珍珠大麥，攪拌一番，然後將鍋蓋蓋上，文火燉煮約30至45分鐘，直到珍珠大麥熟軟。此時，羊肉應該是軟嫩到入口即化，放進熊蔥充分攪拌，熊蔥稍煮軟後，倒入一點點的醋，切勿過量──你只是要讓整個燉菜風味輕盈一些，而不是要醋酸搶味。拌一拌，最後一次試味道。

舀入深碗，淋上橄欖油後，趁熱享用。

大黃卡士達塔

RHUBARB & CUSTARD TARLETS

大黃和卡士達，我還能多說什麼？這兩種食材可能是能讓彼此相得益彰的配對典範。卡士達在這道甜點裡，襯托出大黃無比明亮的鮮酸，簡直是棒呆了。而且這塔，比看起來更容易製作，我常用這個食譜製作四季水果塔。覆盆子美味得令人難以置信，蘋果薄片、杏桃、野李，和梨子也一樣可口。食譜的分量可以做出不少卡士達醬，可以冷藏保鮮數天，在許多甜點歷險裡派上用場。

6人份

· 1根香草莢

· 500毫升全脂鮮奶

· 125克細砂糖

· 5顆蛋黃

· 40克玉米粉

· 1張千層酥皮，
  或自製極簡版酥皮
  （請看第310頁）

· 1公斤大黃

· 杏桃果醬，塗抹上色用

· 德麥拉拉蔗糖，裝飾用

首先製作卡士達醬。小心將香草莢劃開，刮出香草籽，連同取出籽的香草莢、鮮奶和一半砂糖，放入一鍋具裡。轉小火，慢慢加溫，讓香草氣息融入鮮奶，砂糖也全數溶解後即完成，小心避免牛奶沸騰。

在另一只碗裡，放入剩下的砂糖和蛋黃，攪打至顏色變淡，質地鬆發，再加入玉米粉拌勻。

取出牛奶裡的香草莢，再將熱牛奶緩慢倒入蛋黃玉米糊裡，不斷攪拌。如此可以讓蛋黃適應熱度，為之後的烹調做準備。和入所有鮮奶後，將碗裡的卡士達醬倒回鍋裡，小火加熱。你必須持續攪拌並刮動鍋底，慢慢加熱卡士達醬，直到醬汁濃稠到足以沾黏湯匙背。我通常會用刮鏟，並且確保醬汁不會在鍋底停留太久，否則蛋會過熟並結塊。卡士達醬應該是濃稠且流動的，但切記操之過急，應避免煮過頭。當夠濃稠時，立刻過篩到另一只大碗裡，置旁放涼。

如果不打算立刻使用卡士達醬，可在表面撒一層薄糖粉做為緩衝介面，再鋪上烘焙紙或者保鮮膜，如此可確保奶醬在冷藏時不會形成一層薄皮。你可以預先做以上步驟。

以攝氏200度對流模式預熱烤箱。

將酥皮放在鋪有烘焙紙的烤盤，擀開。你可以選擇做一個大的或數個小塔，依你所需切割酥皮，我一般切成六等份。用刀小心翼翼地沿著距離邊緣2公分處在四邊切割界線，留意避免一切到底，但要確定切線夠深，且彼此相連，如此塔皮邊緣在烘烤時才能膨高。

舀幾大匙卡士達醬，鋪在內部的四方形酥皮上，避免奶醬越界，我多半會放上大約手指厚的奶醬，大黃切段，緊密鋪排在卡士達醬上，擠入越多大黃越好，進行到這個步驟後，可以冷藏一日再烘烤無妨。

烘烤前，取些許杏桃醬加熱，灑點水，直到果醬達到可以塗刷的流動液態，在大黃上及塔的邊緣刷上一層杏桃醬，這會讓塔散發出迷人光亮，更能烤出金黃色澤。烘烤大約20分鐘，或直到酥皮上色，且大黃軟熟。

從烤箱取出，撒上德麥拉拉粗糖。放涼數分鐘，但一定要趁著還溫熱時享用。

義式咖啡凍糕佐海鹽焦糖開心果

COFFEE SEMIFREDDO WITH SALTED CARAMEL PISTACHIOS

這絕對是一道讓人忍不住驚呼叫好的出色甜點。凍糕（semifreddo）是一種義大利免攪拌冰淇淋，無需製作卡士達醬或使用什麼花俏配備，真是高明至極，就只要攪拌出絲滑的慕斯，再冷凍起來即可。它有著最討喜的質地，差不多介於棉花糖和牛軋糖之間，隨著逐漸融化，風味更是倍增。

這道甜點有著滿滿的咖啡和香草香氣，再點綴讓人上癮的鹽味焦糖開心果，乍看可能會覺得是個很複雜的食譜，而且也的確需要製作焦糖醬，但這真的比看起來簡單多了，就讓我來為你示範。一旦掌握了竅門，就可以用基礎配方做變化，調配出專屬版本。試試不同的堅果、刨些黑巧克力，或同時拿掉咖啡和堅果，拌入糖煮酸櫻桃或其他水果。（照片請看第163頁）

8至10人份

焦糖開心果

· 100克開心果
（去皮更理想）

· 100克細砂糖

· 1小撮海鹽片

凍糕

· 5顆蛋白

· 200克細砂糖

· 1根香草莢

· 300毫升雙倍乳脂鮮奶油

· 30毫升，放涼濃烈義式濃縮咖啡（或其他深濃咖啡）

以攝氏180度對流模式預熱烤箱。取一張矽膠墊或是烘焙紙鋪於淺烤盤上，烘烤開心果約10分鐘，直到香酥脆口。它們很容易烤焦，記得定時。

烤堅果時，將100克糖倒入一只寬鍋，如果能用銀白色內層的鍋具更理想，那有助於觀察焦糖色澤變化，稍微晃動鍋具，讓糖平鋪鍋底，以中大火加熱。糖會從邊緣開始朝著圓心融化，你會有股想攪動以讓糖液更平均一點的衝動，但千萬要忍住，要不然糖會結晶。可以偶爾搖晃一下鍋子，就是不要攪拌。注意觀察顏色，初始會呈現半透明狀，然後開始染上焦糖色，逐漸變深，你追求的是帶點紅的色澤。

焦糖煮好時，熄火，趁熱倒入堅果。堅果還有熱度時倒入，把握時間在焦糖定型前完美拌入。放入一大撮海鹽片，以刮刀攪拌，確保全數都裹上焦糖，然後快速倒入鋪上烘焙紙的烤盤，靜置放涼。當凝固定型後，以擀麵棍擀碎焦糖堅果，切勿壓得太碎，但碎塊也不能過大。你要的不是一大坨黏在一起的堅果，而是顆粒分明的堅果碎粒。

至此，最難的部分已經完成，再來就順風順水了。拿一個約25公分長、10公分寬的陶皿或麵包烤模，內側鋪上兩三張保鮮膜──這個動作是之後成功脫模的關鍵。取一只無敵乾淨的大盆，打發蛋白，直到硬性發泡。我喜歡以打蛋器用手打發，因為打發蛋白這件事呢，很容易打過頭，導致蛋白泡沫變得太硬，甚至幾近斷裂，如此會增加混合蛋白霜及鮮奶油的難度，也很容易結塊。你要的是極為絲滑，且仍具備流動質地的泡沫，當你拿起打蛋器時，尖頂會自然下垂，而非硬得發僵的蛋白霜。如果你以機器代勞，一定要仔細觀察，當蛋留下那彎曲尖弧的痕跡時，就代表大功告成。此時，一邊持續攪打，一邊慢慢加入砂糖，直到打出漂亮輕盈的蛋白霜。取另一只碗，刮下香草籽，倒入雙倍乳脂鮮奶油，攪打直到稠化，在打蛋器上留下細細緞帶痕跡。我好像把這整個過程說得很恐怖，但是，請千萬別因此退卻，就是在攪拌一個東西這麼簡單。我所想表達的只是，你該追求什麼樣的完美質地，而不及永遠比太過好。

　　將開心果和咖啡小心地拌入鮮奶油裡，再用刮刀把蛋白霜拌入，請一點一點緩慢進行這個步驟，試著保留住最多的泡沫。倒入剛才準備好的盤皿，以高出盤皿的保鮮膜翻蓋住奶霜，放入冷凍庫直到定型。我的經驗是大約需要冷凍6至8小時，前一夜製作最理想。

　　享用時，將凍糕脫模，去除保鮮膜，置於麵包砧板，切成厚片狀。快速將剩餘凍糕包妥，放回冷凍庫，以備未來整日勞動後需要慰藉之需。

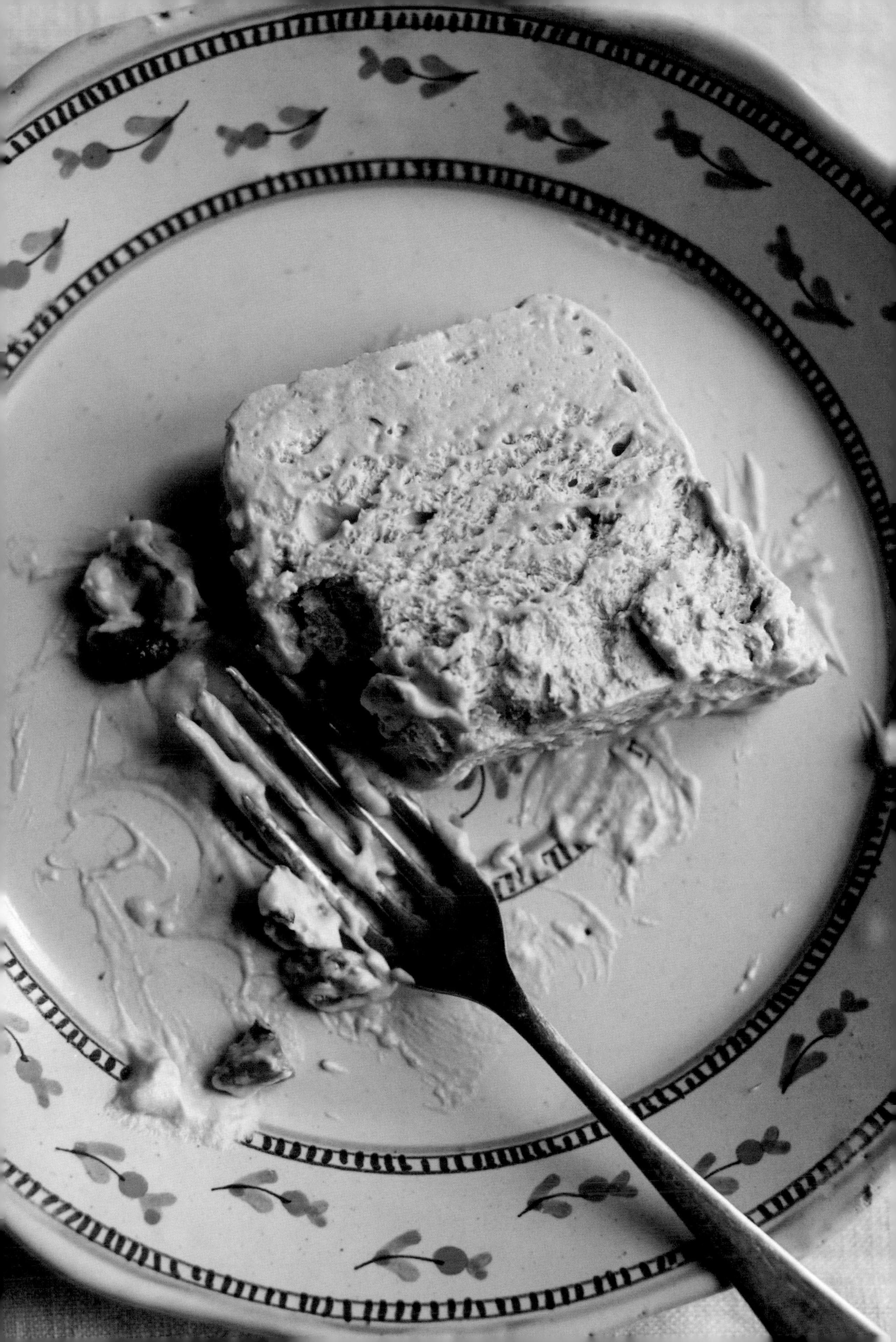

接骨木花義式奶酪佐烤草莓和黑胡椒

ELDERFLOWER PANNA COTTA WITH ROASTED STRAWBERRIES & BLACK PEPPER

我愛義式奶酪（panna cotta）的極簡純粹。做對的時候，輕盈不甜膩，是飽餐一頓的優雅句點。我在這裡減了糖量，添加些許白脫牛奶，給奶酪一點足以平衡其濃郁的微酸奧援。我用了接骨木花，但洋甘菊（不管是野生或茶包）、檸檬馬鞭草和玫瑰，全都適用。如果以上這些都無法取得，那用不敗經典香草絕對錯不了。特別方便的是，這個食譜可以在你想吃的前一天先行製作。

兩個重點：第一，切忌將鮮奶油煮得太熱，你要的是熱蒸氣，而非冒泡大滾來溶解砂糖。其次，如果你打算用上述任何新鮮葉片或花朵製作，請留到最後和白脫牛奶、吉利丁一起放，讓它們能徐徐釋放香氣並維持鮮度。面帶微笑，不斷試味道，直到你滿意鮮奶油的香氣濃度為止，過篩。但若你選擇以香草、香料或乾燥洋甘菊製作，可在一開始就直接加進鮮奶油裡，使其能更有餘裕地釋放香氣。

6人份

· 300毫升優質雙倍乳脂
　鮮奶油
· 150毫升全脂鮮奶
· 120克細砂糖
· 3片吉利丁片
· 100毫升白脫牛奶
· 3至5大枝新鮮接骨木花
　晨光時採摘（或一根香
　草莢，剖開，連刮除的
　籽和空莢，放入雙倍鮮
　奶油中浸漬出香氣）
· 600克草莓
　綠蒂摘除，垂直剖半
· 現磨黑胡椒
· 幾滴玫瑰花水

將雙倍乳脂鮮奶油、鮮奶和80克細砂糖，放入一只醬汁鍋，小火加熱直到接近微滾狀態。過程中不斷攪拌，等到糖全數溶解，即可熄火。

取一只大碗，倒入冷開水，放進吉利丁，浸泡約3分鐘。取出吉利丁，擠出所有水分，加進鮮奶油小鍋裡，徹底混拌，將白脫牛奶和大部分接骨木花一起放入，可留少許鮮花最後做裝飾。再次攪拌後靜置，讓花香化進雙倍鮮奶油裡，聞起來應該十分迷人才對。

5至10分鐘後，嘗看看浸漬過花草的香氣濃度，如果滿意的話，將鮮奶油醬汁篩進水壺裡，再一一倒入六個小烤皿或小模具。切記勿填裝太滿，這款飯後甜點極濃郁，分量不必多，我通常倒半滿或四分之三的高度。每個烤皿最上方，蓋上一張圓形小烘焙紙或保鮮膜，並輕輕壓到奶汁上，此舉可避免表面形成一層會破壞奶酪口感的硬皮。將烤皿放入冰箱冰鎮約4個小時，或直到定型。

享用半個小時前，可以開始烤草莓。以攝氏180度對流模式預熱烤箱。取一個淺烤盤鋪上烘焙紙，將草莓散放在烤盤上，撒入剩下約40克的細砂糖，確實拌勻，讓每個草莓都沾染上糖粒，磨些黑胡椒，入烤箱烤約20分鐘。取出後，灑幾滴玫瑰水，但務必小心，它味道誇張地香濃，你要的只是一點襯托的提香。搖晃一下烤盤，讓香氣溢開。

盛盤時，將奶酪烤皿稍微浸在滾水裡數秒，然後用盤子蓋到烤皿上，快速翻面脫模。如果因為真空而無法立刻脫模，或許可以搖晃一下，切記抓緊手裡的烤皿和盤子。舀一大勺烤草莓及其汁液淋在奶酪上，再點綴些許接骨木花即可開吃。

SUMMER

夏 天

　　經過瘋狂忙亂的春天，樹籬的接骨木花大爆發，喚醒了沉寂一陣子的
夏日。迎著晨露，我們上山去採摘一籃又一籃的接骨木花，把整枝綴滿小
花的花頭，泡在水桶裡獲取香氣，撇去浮在水面上小小的授粉甲蟲，好製
作果汁甜漿。燕子輕快地掠過熱浪吹拂的田野，在花叢間穿梭，邊飛邊捕
捉蒼蠅。六月的草已長到腰間，沾滿了花粉，和在陰影間彈跳的成群蚱蜢
齊聲唱和。禿鷹在空中盤旋，尖銳叫聲劃破廣袤寂靜的藍空，而牠們的下
方，肥腴貪心的小羊正呼喚著母奶。我的羊群一整天大多在雜草蔓長的保
護蔭下潛伏，降低一身厚捲毛外套帶來的炎熱，這再次提醒我，得催一下
剪羊毛師傅來上工了。

　　農場被一團團雲朵般的花叢環繞，我們採了一把又一把的峨參、香
豌豆花和陸蓮花，把它們插進水壺和花瓶裡，整個屋子都盈滿令人迷醉的
花香。我們為了散逸屋內黏膩的熱氣而打開窗戶，在曬衣繩上翻騰的被單
隨即款款舞入，看起來像是海上形單影隻的獨航船隻。我看著兩隻正在嚼
食被單一角的小山羊，牠們嚼過草的嘴巴，在被單上留下小印漬，接著便
全跌下曬衣繩底下的水窪。我從在花園裡澆水展開每一天。太陽曬在肩膀
上，我一手拿著咖啡，一手拿著灑水管在菜圃間輪流噴灑，享受著水敲擊
著深綠葉蔬菜發出的啪噠聲響。我一邊澆水，一邊隨意採豌豆和金蓮花
吃，拔雜草，順便把攀爬上榛木架的豆子繫牢。在塑料棚的溼熱環境裡，
萬物茁壯：長在一片羅勒香草海中的番茄，已順繩攀爬，綠藤散發的氣味
濃烈而勢不可擋，幾乎不可能跟上它的成長速度。到了七月，帶刺小黃瓜
叢林從天花板懸垂而下，我的紅辣椒們被萬壽菊和櫛瓜叢給團團淹沒。

　　七月某個夜晚，我終於接到剪羊毛師傅的電話，說明天一早可以來
報到。我們在畜欄裡架設了圍欄，把羊群從山坡上趕回來。我愛陪著牠們

穿過田野，一路走下坡返家，以手勢和叫聲召喚，浪潮般的毛絨絨羊群，魚貫穿越草地後，留下燈芯絨般的垂直紋路。剪羊毛是門藝術，親眼目睹高手俐落執行，實在令人驚嘆不已。他牢牢抓住羊，然後小心翼翼將牠們伸展成不同姿勢，這樣一來綿羊的皮膚，就不會在銳利剃刀流暢滑過其弓起來的身體的時候皺起來。他可以在一分鐘內，搞定我得耗上半個小時才能完成的工作。羊隻以一種瑜伽般的恍惚神態躺著，一眼警惕地看著呼呼滑過的剃刀，身上捲毛隨之應聲滑落。他完成任務時，我會一個箭步衝上前，把剪下的羊毛扎實地折疊起來，捆起裝袋，而羊群們則四散飛奔，享受嶄新獲得的如風輕盈感。這時，總會有個有趣的片刻發生：驚呆了的小羊們，從面目全非的母羊身旁逃開，母羊則絕望地在夏日長草間試圖追回牠們。一切結束時，我們會沐浴在陽光下，用沾滿羊毛油的手拿著茶杯，聊著羊毛的價格，緬懷剪下的羊毛還有一定價值的美好舊時代。如今很遺憾地，羊毛幾乎沒什麼價值，許多不是被拿去堆肥，就是更糟：全拿去燒掉。這年頭，剪羊毛純粹是為了羊兒的福利著想。

另一個夏天的亮點是蜂群。我們是狂熱的養蜂人，我和我媽一同照看安置在菜圃旁的三個蜂箱，它們受益於房子四周盛放的花朵，和田野上的野花而生氣勃勃。我種下一片鍾穗花和琉璃苣，整天都有蜜蜂忙碌飛舞其間，行經蜂箱時，可以聽到蜜蜂發出充滿生氣的嗡嗡聲。但是當蜂群陣容太過浩大時，就會自動分家，有一半蜜蜂，在跟著女王蜂離開另覓新居前，會盡己所能大吃特吃蜂蜜。今年，我在溫室忙著瑣事的時候，聽到頭頂上傳來蜂群的嗡嗡騷動聲。走出察看，我被一大團將近三萬隻蜜蜂簇擁，我一臉驚訝地看著牠們在煙囪安居，煙囪對這些蜜蜂似乎像塊磁鐵，因為打從我們住在這裡的每一年，都會發生這樣的狀況。考量到這煙囪仍在使用，並不是很適合牠們定居，我和我媽升了一小堆火，試圖延緩蜜蜂安頓下來的進度，同時等著鄰居火速搬來超長梯子。我穿上防蜂裝備，拿著籃子和蜂刷，爬上屋頂拯救蜂群。我在一望無際的蔚藍氤氳熱浪下，汗

流淶背地坐在屋頂上，把一團和西瓜差不多大，頗為平靜的蜂群挖起來放到籃子裡，小心翼翼關上蓋子，將籃子從梯子遞下去，再把它放在一棵橡樹下，好讓蜂群可以平靜下來。然後，夜晚時分，我們把蜜蜂放入一個閒置的蜂箱，裡頭放了蜂蛹框和一些蜂蜜，助牠們展開新生活。我們屬於自然全生態養蜂人，照養純粹是為了觀察其令人著迷的生命過程所得到樂趣；我們幾乎不採蜜，就算有也很少，衝著牠們對我們周圍土地授粉的認知，而提供庇護和照顧。

難過的是，不論我有多期盼，夏天的腳步並不會為任何人停留。當田野上的野花變成種籽，曬得焦乾的土地裂開的時候，適合製作乾草的時機終於來。我們和鄰居分享收成，交換使用他們超讚的老古董機器，並換取穀倉空間，一起協力保存夏天豐足的青草，以供貧瘠冬季餵食動物之需。在熱浪來襲之前，他們的割草機在田野上嘩啦啦穿行，吐出塵埃與蒲

公英種籽，禿鷲和老鷹觀察著到處竄跳的田鼠和兔子。厲害的旋轉耙子，將割下來的草料拋成一整齊的行列，在豔陽下均勻地曬乾。幾天之後，當草變得乾爽輕脆，我們便開始捆紮。鏽跡斑斑的捆草機揮動著連枷，沿著草列慢慢向前行駛，吸進草料，再吐出沉重綠色草捆。螺栓一度斷裂，以致工作暫停，我們花了幾個小時修理這台令人費解的老古董，搔著頭，用沾滿油汙的手，鑽出生鏽的螺絲，機器的連枷手臂才能再次揮動。我們把草捆堆在一台和房子一般高的拖車上，沒有放過每一分日光工作直到深夜，最後拿著一杯嘶嘶冒泡的自製蘋果酒，在溫柔的月光下休息。

　　早上渾身淤傷地醒來，我們速速吃了蠶豆、培根和雞蛋的早餐，然後在稍涼爽的早晨陽光中，把最後的草捆堆疊完成。風中的乾草氣息團團把我們包圍，我們將最後幾捆草堆到搖搖欲墜的乾草塔上，看著拖拉機搖搖晃晃地沿著小徑開去。然後，我們快速把狗狗和釣竿拋進車裡，帶著跳進海裡洗澡的迫切需要，向海岸疾馳而去。從山丘間聞到鹹鹹的海風，我和弟弟們從懸崖一躍而下，跳進冰寒的懷抱。洗淨塵埃和曬傷的肌膚上令人發癢的草屑，我們在風浪中飄浮，然後倒在海岸邊，以一種滿足的靜默，凝視一望無礙的天空。

　　每年這段時間，我經常在海岸邊消磨時光，看著遠遠地平線上滾滾雷雲徘徊，夏季暴風閃爍著粉紅亮光，與海面陰影下的鯖魚群漩渦。我和朋友們會爬上岩石，在夜晚花上長長的時間釣海鱸魚和鯖魚，如果夠幸運，就能用漂流木升火煮魚；如果不走運，只好殺去吃醋淋魚炸薯條。有時候，我們的口袋和魚箱裡裝滿了藍紋鯖魚，然後在家邊聽震天嘎響的音樂，邊花大把時間清魚肚，爐台上則有幾片晚餐要吃的魚菲力劈啪作響。

　　夏季的食物受到菜園盛產收成的恩澤，多半充滿生氣而立即可食。廚房裡幾大瓶羅勒和薄荷之間，擺著一籃又一籃的櫛瓜，我們則坐在桌邊剝挑豌豆和蠶豆。油桃、蜜桃、鵝莓和杏桃則是從農食店帶回來的，我們幾乎天天在戶外溫暖的夕陽天空下烹煮。就著燭光進餐，享受寧靜的星空和英國夏天的田園幸福時刻。

西班牙夏蔬薄荷檸檬白冷湯

AJO BLANCO with summer vegetables, mint & lemon

白冷湯（ajo blanco）是一道來自西班牙南部的杏仁冷湯，據說可追溯至中世紀摩爾人時期，一般認為是番茄冷湯的前身。通常淋上橄欖油，再配點葡萄或瓜類後，冰涼上桌，但它其實也是搭蔬菜、肉或魚的出色醬汁。訣竅是先花點時間攪打杏仁，使之釋出油脂，就能達到十分順滑的口感。之後再加水和橄欖油稀釋，便能成就絲緞般的質地。雪利酒醋是這道菜的關鍵，最後調入時，大方些無妨，務求達到風味的平衡。但如果手上沒有雪利酒醋，品質上好的紅酒醋也能勝任。這個食譜製作出的分量不少，而冷藏可以保鮮一週沒問題。如果你想做得更正統的話，就加更多水稀釋，和瓜類、橄欖油和幾片伊比利火腿一起冷涼上桌即可。

4人份

· 220克去皮杏仁
　（西班牙馬科納杏仁尤佳）

· 200毫升冷水

· 1/2根大條的小黃瓜
　去皮粗切

· 2瓣大蒜

· 150毫升上好橄欖油

· 適量雪利酒醋（1至2大匙）

夏季蔬菜

· 4大匙橄欖油

· 400克櫛瓜，切薄片

· 3瓣大蒜，切碎

· 350克四季豆

· 150克冷凍豌豆
　（或300克新鮮豌豆）

· 1顆檸檬

· 1小把新鮮薄荷
　葉子略撕小塊

先以攝氏160度對流模式烤香杏仁約10分鐘，直到表面微染上金黃色澤，這個步驟可以突顯風味並釋出油脂，但勿烤過頭，否則香氣可能會太搶味。放涼，再倒入食物調理機攪打約10分鐘，時不時暫停刮下盆邊的沾黏，如果機器開始發熱，適時停機休息一下。一旦杏仁幾乎打到滑順，就可以在機器持續攪打的狀態下，慢慢倒入冷水，直到呈現出雙倍乳脂鮮奶油的濃度質地（冷水有可能不會用完）。接著放入小黃瓜，磨入蒜泥，啟動攪打。最後，在機器運轉下，徐徐滴入橄欖油，此舉會讓醬汁無比濃稠絲滑，並以鹽和醋調味，這是個關鍵時刻。再次開機攪打，不斷試味道並做必要調整。如果覺得太稠，就多加點水無妨，如果太稀，加點白麵包可以補救。

蔬菜部分，取一鍋具注水，以鹽調味，加熱至沸騰，準備料理四季豆。再拿一只大鍋，加熱橄欖油，油熱時，放入櫛瓜、大蒜和一大撮鹽。炒櫛瓜的同時，將四季豆放入備好的滾鹽水裡，煮約5分鐘，記得保持豆子些許咬勁。撈出四季豆，連同豌豆加入櫛瓜鍋裡，將

綜合蔬菜在蒜油裡翻拌一番，煮到豌豆青綠軟熟。擠入檸檬汁，放進薄荷，再次翻炒，試味道，嘗起來應該清新、脆口，非常美味。必要的話，微調鹽和檸檬。趁熱舀在白冷湯上，磨進足量黑胡椒。我強烈建議將剩下的醬汁稀釋成之前提及的白冷湯。你不需要一大碗，因為非常濃郁，但在極度熱辣的夏天來一小杯，實在太完美了。

油桃、莫札瑞拉乳酪與羅勒沙拉

NECTARINE, MOZZARELLA & BASIL

這道菜的美妙就在於極簡，而說到底，成敗全繫於一個食材的品質：油桃。一個完熟和青澀油桃之間的差異，天差地別。一口咬下熟美油桃，那絕對是極致的愉悅：汁液四濺，微酸平衡了甜美，有著最卓越不凡的口感，吃起來不該是硬脆的。建議比食譜建議的數量多買幾顆，試吃一顆看看，如果還不夠熟，就再等幾天。

當你有了這麼優質的食材，簡單即是王道，我想不出在熱辣的天氣，有什麼比這道沙拉更棒的了。把羅勒當成萵苣般大量使用，甜滋滋的油桃和醋、奢華腴美的莫札瑞拉乳酪，及微辣的芝麻菜和金蓮花互相唱和著。無比和諧的風味，極致的愉悅。與上好麵包和義大利火腿佐食，是熱天裡理想的輕食午餐。

4人份

- 4個完熟油桃
- 4球上好莫札瑞拉乳酪
- 1大把新鮮羅勒
  （當成萵苣來用）
- 1小把辛辣芝麻葉，
  金蓮花或日本水菜
- 1至2大匙輕爽果醋
  （我喜歡麝香葡萄酒醋
  或貝拉祖無花果葉醋，
  這款很小眾但超讚的，
  或任何你有的好醋也行）
- 1/2顆檸檬
- 足量橄欖油，約3大匙

刀子順著油桃外面的細溝槽切入，繞著內核剖成兩半。兩手各抓著半邊油桃，上下旋轉，果肉和果核應該就會分離了。如果有點困難，那表示還不夠熟。將油桃切成漂亮的丁塊，放入大碗裡，然後隨意撕開莫札瑞拉乳酪，加進羅勒葉、辛辣的葉子與花朵，擠點檸檬汁，下足量橄欖油及些許醋。拜託一下，如此細緻風味的沙拉，請勿泡在嗆喉的醋液裡。烹調簡單，食材品質就愈發重要，溫柔對待，務求找到完美平衡。

以鹽和黑胡椒調味，再輕拌幾下沙拉，讓醬汁平均沾裹食材，再試味道。把羅勒葉、油桃和莫札瑞拉乳酪齊備的一口放進嘴裡，再視需要微調。立即上菜——這道菜不宜在餐桌上逗留。

櫛瓜義大利烘蛋佐山羊乳酪檸檬薄荷

COURGETTE FRITTATA with goat's cheese, lemon & mint

這道義大利烘蛋做來毫不費力，正適合當成勞務做不完的大熱天裡的輕食午餐。美味祕訣在於，在對的時間從烤箱取出來。你希望蛋熟得恰到好處，仍處於理想的多汁且質地膨發。做為野餐冷食，美味不輸溫熱版本，配上辛鮮綠葉沙拉，坐在花園裡，端放在膝蓋上享用。這個版本有滿滿的慢煮蒜香櫛瓜、大把新鮮薄荷和山羊乳酪，但它也是那種一旦掌握要領，就能依季節變化食材的料理喔。

4至6人份

· 5大匙橄欖油

· 500克櫛瓜
　切成不超過小指厚度
　的圓片或半圓

· 3瓣大蒜，切薄片

· 150克冷凍豌豆
　（如果買得到鮮豆，
　則用300克）

· 1棵小寶石萵苣
　剖半再切細絲

· 8顆蛋

· 1顆無蠟檸檬

· 10克新鮮薄荷
　摘取葉子後粗切

· 100克易碎質地山羊乳酪、
　馬斯卡彭乳酪，
　或甚至法式酸奶油

以攝氏200度對流模式預熱烤箱。

取一大煎鍋，大火加熱，倒入約4大匙橄欖油，放入櫛瓜，以鹽調味，煎炒約5分鐘直到變軟。重點在於以最快速度煮熟櫛瓜，使其不變焦或失去口感。加入大蒜，仔細拌炒，爆香大蒜幾分鐘，讓油脂染上蒜香，此時，櫛瓜應該是完美質地。放入豌豆，翻拌使其為油脂包覆，煮到口感軟甜後，放萵苣，快速拌一下——你只是要稍微加熱，使其軟化在綜合蔬菜裡。

將蛋打入大碗裡，刨進檸檬皮屑，放進薄荷攪拌一番。試一下櫛瓜蔬菜，確認調味理想，倒入蛋液碗裡，再次調味，簡單混拌。將鍋裡的沾黏擦乾淨，以中大火熱鍋，放入稍多的橄欖油，避免後續烹調時黏鍋。鍋裡倒進蔬菜蛋混合液，刮淨碗裡的殘留，稍微搖晃鍋子，好讓食材平均攤開。此時的目的是，在將鍋子送入烤箱前，快速烹煮，並讓鍋底產生焦糖化，這裡是指金黃色而非深棕色。你會看見鍋緣開始冒泡香酥起來，不妨用刮刀輕輕掀開確認色澤。

撒下剝碎的山羊乳酪，或馬斯卡彭乳酪、瑞可達乳酪或法式酸奶油，放進烤箱幾分鐘就好，上層不需花太多時間就能煮熟。時不時搖晃一下鍋子，查看熟度，

當蛋汁定型時即可拿出烤箱,以刮刀沿著鍋緣輕刮,去除沾黏。於鍋具上方蓋一塊大砧板,緊密按壓住砧板的前提下,小心但成竹在胸地翻轉鍋具與砧板,應該可以感覺到烘蛋的脫落。看是要趁熱,或是要放涼,切片並擠點檸檬汁享用。

番茄醬汁烤櫛瓜花鑲香草瑞可達乳酪餡

COURGETTE FLOWERS FILLED WITH A HERBY RICOTTA & BAKED IN TOMATO SAUCE

七月時，櫛瓜一波又一波的成熟進擊即將展開。我們向來種不少，因為它們跟舊靴子一樣強韌，而且產量驚人，每一株一季至少可以收成30條。整棵植株通通可以食用，連帶刺的葉和莖也不例外，但隱藏版珠玉是櫛瓜花。大家都愛油炸的版本，但這裡分享一道稍微別出心裁的作法：我們像對待義大利餃（ravioli）一樣，在花裡填塞內餡，然後和番茄醬汁一起入烤箱烘烤。一口咬下去，吃到的是幾乎要把輕薄花瓣撐破而入味的香草瑞可達乳酪細緻內餡。莫札瑞拉或山羊新鮮乳酪都是上好內餡選擇。

4人份

番茄醬汁

- 3大匙橄欖油
- 1顆大洋蔥，切細丁
- 3瓣大蒜，拍裂去膜
- 800克李子番茄罐頭
- 1小匙細砂糖，備用

櫛瓜花

- 250克瑞可達乳酪
- 1把新鮮羅勒切碎，預留些許葉片最後做盤飾
- 1顆無蠟大檸檬
- 20克帕瑪森乳酪再加些許盤飾用
- 12朵櫛瓜花
- 1大匙橄欖油

先製作番茄醬汁。取一烤箱適用的淺鍋（最後能直接進烤箱烹煮櫛瓜花的鍋具），加熱橄欖油，溫熱後放洋蔥，以足量鹽調味。煎炒約10至15分鐘，直到軟甜，放大蒜爆香幾分鐘，讓油染上蒜味後倒入番茄，以木匙壓碎。用少許水沖洗罐內殘留，再把番茄水也倒入鍋中，再次調味，小火燉煮約20分鐘，時不時攪拌，直到醬汁變得濃稠噴香。

燉煮番茄時可準備內餡。將瑞可達乳酪放進大碗，攪打直到滑順，並加進香草，擠點檸檬汁，刨進帕瑪森乳酪和檸檬皮屑，以鹽和黑胡椒調味。攪拌均勻，試味道，視需要微調——應該很美味才是。

以攝氏200度對流模式預熱烤箱。

如果你朝花心看，每朵櫛瓜花裡，都會有一根雄蕊，在不破壞花瓣的前提下，非常小心地掐住它左右擺動，直到斷裂分離。接著輕輕拉開花瓣，填進一尖匙瑞可達內餡，再來，看是要把花瓣內折或是扭轉一下，好封住乳酪餡，用同樣方法處理所有櫛瓜花。這時，番茄醬汁應該煮好，試味道，如果有需要，就放一匙糖中和番茄的酸勁。將櫛瓜花排放入鍋內，淋上橄欖油，蓋上鍋蓋，入烤箱烤約20分鐘。

櫛瓜花連同醬汁一起盛盤，飾以橄欖油、新鮮羅勒葉和現刨帕瑪森乳酪。

櫛瓜義大利麵佐羅勒檸檬馬斯卡彭乳酪

COURGETTE PASTA with mascapone, basil & lemon

以一汪上好橄欖油烹煮自種櫛瓜、大蒜、檸檬和紅辣椒碎，對我來說儼然像夏之歌。從六月到九月，我幾乎每天都做這一味，不是拌進義大利燉飯裡，配魚菲力，和布拉塔乳酪一起鋪在烤麵包上，就是和早上的蛋料理一起吃。但我個人的最愛，是和馬斯卡彭乳酪、新鮮羅勒和檸檬一起拌義大利麵吃。那真是極致的享受，靈動新鮮，帶著紅辣椒碎的微辣。照片裡用的是自製扭指麵，一款備受歡迎，自製也超簡單，並有著和這道料理最相得益彰的迷人口感。

4人份

· 1公斤櫛瓜
（不同顏色、造型和大小的混合，最是理想）

· 5大匙橄欖油

· 4大瓣蒜頭，切薄片

· 1大撮紅辣椒碎

· 400克義大利麵
（我偏好自製扭指麵，
食譜請看190頁，
但筆管麵、旋紋短管麵
或細扁麵都能勝任）

· 1顆無蠟大檸檬

· 3大匙馬斯卡彭乳酪

· 1大把新鮮羅勒，
摘下葉子（薄荷也很棒）

· 1方塊奶油，約30克

準備煮麵。取一只大鍋具，注水，以鹽調味，大火煮滾。

櫛瓜以小指粗的厚度圓切，塊頭較大的櫛瓜先剖半再切。取一大寬口鍋，加熱橄欖油，放入櫛瓜，以鹽調味，有助櫛瓜出水，先炒約5分鐘，再下大蒜和紅辣椒碎。這裡的重點是讓櫛瓜達到軟而不爛的口感，有些開始塌陷，有些還保有咬感。油脂應該散發著蒜香，而大蒜甜而不焦。持續拌炒櫛瓜，同時開始煮麵。

麵條煮至彈牙口感，瀝乾水前先預留一杯煮麵水。煮好後的麵條拌入櫛瓜，刨些檸檬皮屑，放進馬斯卡彭乳酪和些許煮麵水。用力快速攪拌，直到醬汁完全融合，且能巴住麵條，必要時，再多下乳酪和煮麵水。擠進半顆檸檬汁，再加進羅勒和奶油，再次混拌，試味道——很可能還需要多一點鹽和檸檬。淋些上好橄欖油後，即刻上菜。

自 製 扭 指 麵

HOMEMADE CAVATELLI

這款自製義大利麵來自南義,是一道很值得學會的超實用麵食,因為只需要兩樣食材:水和麵粉,而且不需機器壓製。我經常和朋友一起動手作,眼前放著麵團,一起就著日光,說說笑笑,揉著各自分配到的分量的麵團。但不只是製作上有趣討喜,我也愛這款無蛋義大利麵的口感,有著宜人的嚼勁,和許多醬汁都十分契合。你可以用這麵團做圓麵條(pici)、貓耳朵(orecchiette)、特飛麵(trofie),或其他各式各樣造型的麵條。不妨也參考其他教你如何擀製麵條的影片,一切都繫於手的律動。

4人份

· 400克杜蘭小麥粉
  (我喜歡混合一半細粒
  的杜蘭小麥粉和一半通
  用麵粉,麵條口感最優。
  吉爾察司特牌的小麥粉
  尤其讚)

· 200毫升溫水

將杜蘭小麥粉倒入大盆子(可以使用任何麵粉——可實驗不同品種的麥子,或者不同比例的混合配方,就算是最一般的中筋麵粉也行——如果那是你僅有的選擇的話)。熱水加熱到有點燙,又不至於燙到沒辦法把手指泡進去的程度。將熱水倒到麵粉上,加入一小撮鹽。用筷子或木匙的另一頭攪拌,直到形成粗糙的初始麵團,倒於工作檯上,揉搓成圓球狀,大約只要幾分鐘,以溼布巾蓋住,靜置鬆弛約20分鐘。

20分鐘後,可以感覺到原本硬實的麵團,已經變得放鬆柔軟,捏一塊豌豆大小的麵團,在奶油面板或叉子溝槽上滾動,讓它順著凹凸捲成圓形,你甚至可以就在工作枱上執行這個滾麵的動作。我滿建議上網看一下教學影片,如果是一群人一起製作,不用多久時間就能完成。揉好的麵團蓋上溼布巾,避免乾裂,工作枱上,也記得撒點小麥粉,以免扭指麵沾黏桌面。也可以依照圖示,先將麵團揉成一長條,再分切成豌豆大小,接著滾壓造型,如此會更快速、更有效率。

烹煮時,只要放入以鹽調味的滾水裡,滾煮3至5分鐘,直到軟中仍帶著咬勁的口感。用濾匙撈出,和醬汁及一點煮麵水混拌即完成。

西班牙烤紅椒堅果醬佐布拉塔乳酪和炙烤洋蔥

ROMESCO with burrata & gilled onions

西班牙烤紅椒堅果醬是世界上最棒的一款醬汁。來自西班牙，以烤香杏仁、烤甜椒、煙燻紅椒粉、紅辣椒和醋調製而成。它油潤、充滿煙燻氣息，既甘甜又濃郁，質地迷人，幾乎無所不搭。和羊肉一起吃無敵美味，和魚菲力、烤雞、蛋料理也是美味拍檔，沒有什麼醬汁會比它更讓我想用麵包蘸著吃。讓我這麼說吧！這是一款值得學習並且常備在冰箱裡的萬用醬。

這裡我建議和炙烤洋蔥、布拉塔乳酪，再配一大塊可拿來蘸食的麵包，即是令人驚豔的前菜或輕食午餐。

6人份

- 3顆布拉塔乳酪
- 1/2顆檸檬擠的汁液

西班牙烤紅椒堅果醬

- 200克去皮杏仁
- 6顆甜椒（我傾向使用羅曼諾品種）
- 1瓶上好烤紅甜椒罐頭濾出（300至400克）
- 80克日曬番茄乾
- 2小匙煙燻甜紅椒粉
- 1至2小匙阿勒坡紅辣椒（或1小撮紅辣椒碎添點辣度）
- 2瓣大蒜
- 1顆無蠟檸檬刨下的皮屑 1/2顆檸檬擠的汁液
- 2大匙麝香葡萄酒醋或雪利酒醋

先以攝氏180度對流模式烤溫烤香杏仁，約10分鐘。記得隨時查看，堅果極容易瞬間就烤焦。時不時搖動一下烤盤，確保烘烤均勻。

將6個羅曼諾（romano）甜椒放到淺的烤盤上，淋上適量橄欖油，再以鹽調味。你可以用烤箱，或是平底煎盤炙烤，或是丟到BBQ烤架上燒烤，這個作法更添一股迷人煙燻香氣。把紅椒通身烤得焦黑，當它們開始變軟塌陷時取出，放入另一大碗裡，蓋上盤子，形成密閉空間，或者有密封蓋的保鮮盒也很適合。讓紅椒置身在自身的熱氣中，靜置約20分鐘，然後剝皮去籽。

我一般都用食物調理機進行下個步驟，但研磨缽也可以勝任。放進所有紅椒堅果醬的食材，但預留一半的杏仁和醋。一流的烤紅椒堅果醬，口感一定得好，要有杏仁的脆口才行。所以你的重點是：在不淋漓盡致攪打的前提下，確保所有香氣皆混拌均勻。當達成這個目標時，再放進另一半杏仁，快速攪打或捶打，直到質地的黏稠度理想為止。試味道，加一兩撮鹽和些許醋，拌一拌，再試一次。不斷測試，直到調味完美。存放在密封保鮮盒裡，此醬冷凍效果佳，冷藏保鮮一週也沒問題。

炙烤洋蔥

· 6顆中洋蔥

· 橄欖油

· 些許醋

洋蔥剖半,切面朝下,以橄欖油香煎,直到開始焦糖化,灑點醋,再將鍋子放進攝氏200度的烤箱烘烤,直到軟甜。

將半球布拉塔乳酪置於餐盤上,以鹽和檸檬汁調味,豪邁舀上一大勺烤紅椒堅果醬,擺上炙烤洋蔥……極樂無誤。

普羅旺斯蔬菜雜燴酥派佐鯷魚和瑞可達乳酪

RATATOUILLE GALETTE with anchovy & ricotta

我超愛這種自由發揮的法式酥派（galette），它是一款用酥皮製作，沒什麼鋩角就能輕鬆完成，十分之高明的質樸鹹派。這裡分享的版本是，先以打發檸檬瑞可達和慢煮鯷魚洋蔥鋪底，再用同心圓方式依序排上櫛瓜片、肉感的茄子片，以及番茄片和大蒜。口味比賣相更優，而整個秩序井然的製作過程，也令人感到愉悅。倒是你得先依第311頁食譜，製作一份酥皮，但幸運的是作法再簡單不過了，而且保證值回票價。

6至8人份

· 2條大茄子
　切成1公分厚圓片

· 6大匙橄欖油

· 2顆大洋蔥，切細丁

· 5至7片鯷魚

· 250克瑞可達乳酪

· 1小把新鮮百里香
　取葉，細切

· 1顆無蠟檸檬

· 自由式酥皮
　（請看第311頁）

· 500克優質李子番茄
　切成1公分厚圓片

· 300克櫛瓜
　切成1公分厚圓片

· 2瓣大蒜，切薄片

· 些許乾燥牛至

· 些許茴香籽

· 1顆蛋，打散

以攝氏200度對流模式預熱烤箱。取兩張烘焙紙分別鋪在兩個淺烤盤上。將茄子片鋪在烤紙上，兩面塗上橄欖油，以鹽調味，放入烤箱烤約20至25分鐘直到色澤金黃。

烤茄子片的同時，以3大匙橄欖油炒洋蔥，放1小撮鹽調味，炒約15分鐘，直到洋蔥金黃香甜。將鯷魚拌入，使其化入洋蔥裡，離火，置旁放涼。

將瑞可達乳酪、百里香和一小撮鹽，放進一只攪拌盆，刨進檸檬皮屑，並擠入些許汁液，攪拌到質地輕盈絲滑，試味道並視情況微調。

在一張烘焙紙上撒些許手粉，酥皮置於紙上，擀成約4至5毫米厚的寬大圓碟形，擀好之後，將酥皮連同烘焙紙，小心地挪到大烤盤上，邊緣預留約6至8公分，將瑞可達乳酪鋪於酥皮上，再堆疊上洋蔥。

接下來以同心圓的形式，從外開始鋪排蔬菜。先是番茄，接著放櫛瓜片，再放茄子片，依此順序排成一圈一圈的漂亮圓環，三不五時可在兩片番茄之間塞一枚蒜片。鋪好之後，淋上橄欖油，以鹽調味，再撒上乾燥牛至和茴香籽。將預留的邊緣酥皮向內翻折定型，刷上蛋液，送入烤箱，烤約30至40分鐘，直到派皮香酥，蔬菜嘶嘶作響。取出，放涼幾分鐘，分切享用。

地中海烤魚薯條

MEDITERRANEAN FISH & CHIPS

這道食譜可以一秒鐘讓我彷彿置身希臘碧綠海洋之上，一家落腳險峻懸崖邊的簡單餐館。章魚吊掛在曬衣繩上曝曬烈陽，炭火和羊脂的香氣隨著鹹鹹的海風四處飄散。一疊撲克牌放在桌上，盤中有大海直送的烤魚，簡單配上炸薯條、檸檬和美味掉下巴的新鮮番茄⋯⋯這是一道我深愛的菜，愛到如果只能在難得的假期享用，我會很難過呢。以下就是在家復刻的方法。

最完美的情況是，你在戶外豔陽下以炭火烹調鮮魚，但在烤箱裡料理也沒問題。我特別偏好紅鯔魚，但要我是你，就會直接請魚販推薦當日的最佳魚鮮。

4人份

· 4尾紅鯔魚

· 橄欖油

· 蒜泥蛋黃醬
（請看第307頁）

· 1顆檸檬
切成月牙片，盛盤用

烤箱薯條

· 1公斤馬鈴薯
（賽普勒斯或梅莉絲
吹笛手馬鈴薯品種），
切成1.5至2公分細條狀

· 4大匙橄欖油

· 幾根新鮮迷迭香，取葉細切

番茄沙拉

· 500克番茄，切成丁塊

· 2大匙酸豆

· 1/2顆紫洋蔥，切細丁

· 1至2大匙紅酒醋

· 2大匙上好橄欖油

以攝氏220度對流模式預熱烤箱。在一或兩只大烤盤上鋪上烘焙紙。馬鈴薯條混拌橄欖油和足量海鹽後，平鋪在烤盤上，確認分布平均不擁擠，烤約20至30分鐘，直到邊緣金黃酥脆，然後翻面續烤10至15分鐘。這些薯條在邊緣酥脆，內裡鬆軟有嚼勁的時候最美味，千萬別想再多烤久一點。

烤薯條的時候，點燃炭火，然後準備番茄沙拉，將所有食材均勻混拌，試味道並看情況做微調即完成。

一旦炭火的溫度適中又火不會太大時（就是手掌應能在上空暫停幾秒沒問題的熱度），以橄欖油塗抹魚身，放上烤架。兩面各炙烤幾分鐘，視魚身厚薄而定，千萬別在魚皮還不想離開烤架前試圖翻面。如果你有烤魚專用籃的話，會讓這個步驟變得輕而易舉。取一根燒烤細棒或一把尖刀，刺進魚身最厚部位停留幾秒鐘，然後取出觸碰一下嘴唇，如果溫熱表示已經熟了。

當薯條烤至金黃香酥的時候，從烤箱取出，立刻撒上迷迭香碎。

將烤魚、熱薯條、番茄沙拉、蒜泥蛋黃醬和檸檬塊盛盤，趁熱享用。

西班牙番茄麵包佐炙烤沙丁魚和綠莎莎醬

PAN CON TOMATE with grilled sardines & salad verde

夏秋兩個季節，我總會花大把的時間釣魚。在一個天氣和煦的夜晚，海潮理想的狀況下，我大多帶著我的狗狗、釣竿和幾瓶冰啤酒跑去海邊。我們在海灘盡頭的岩石上垂釣，盼望著能釣到海鱸，最後卻總是帶著幾尾鯖魚返家。有時我們會在海邊立刻開煮，但更常一進家門才開爐點火。這道菜就是從那些個夜晚其一而來。不管是鯖魚菲力或沙丁魚，只要盡可能弄到最美味的番茄，然後再用拖鞋麵包或酸種麵包來製作這道番茄麵包（pan con tomate）。如此簡單，卻有著無與倫比的美味，永遠讓我驚奇不已。

要替這麼一道其實很直覺式的簡單料理寫出精準食譜，我總會有種把事情搞複雜的感覺……所以這與其說是食譜，不如說只個烹製方法，而這是每當美味番茄再次問市時，我會做的第一道菜。（照片請看第202頁）

4人份

· 4顆大番茄

· 足量初榨橄欖油

· 12尾新鮮沙丁魚
　或4片上好鯖魚菲力

· 1條酸種麵包
　或幾個拖鞋麵包

· 2瓣大蒜

· 綠莎莎醬
　（請看第307頁）
　盛盤用

如果你準備的是沙丁魚，我強烈建議用BBQ烤架以炭火炙烤，不過用烤箱的炙烤（pan-grilled）設定烹調，也是相當美味。如果準備的是鯖魚菲力，我覺得用少許橄欖油在爐台上兩面快速香煎，最可口。

刨絲器上以最大的孔洞，將番茄刨進大碗裡——你會發現最後果肉都落在碗裡，手上剩餘的是外皮。將外皮丟棄。將番茄果肉倒進一只篩子，過濾汁水約10至15秒，去除多餘汁水，因為它會在你還來不及消滅番茄麵包前，就把麵包酥脆口感毀掉呢。我會把汁液收集起來，通常當場喝掉。但它可以做為超棒的檸汁醃生魚的基礎醬汁，或是成為調配一小杯開胃而令人玩味的血腥瑪麗。

回到番茄果肉。倒入足量的初榨橄欖油，撒鹽試一下味道，應該很美味才是。

沙丁魚或鯖魚通身刷上橄欖油，豪邁地撒上海鹽片調味，當BBQ上的炭火收束至你的手掌能在上方停留3至5秒時，即可放上沙丁魚（如果能放在易於翻面的烤魚專用籃更理想），兩面各烤幾分鐘。魚皮會起水泡並綻開，滴到炭火

上的油脂會產生噴香的煙燻味。鯖魚用同樣方式炭烤也很讚，但我多半在鍋裡用橄欖油快速香煎。大多時間是在煎魚皮那一面，大概幾分鐘後，可以從側面看到魚肉因為變熟而逐漸往上變色後，快速翻面煎個10秒，立即上菜享用。

　　料理魚的時候，時間很關鍵。如果用的是酸種麵包，切片後，兩面以橄欖油煎至酥脆（你也可以用麵包機烤）。若是用拖鞋麵包，就水平切成兩半，以攝氏220度對流模式烤箱烤到酥香。麵包烤好時，趁熱兩面刷上大蒜，然後舀一大匙番茄沙拉和烤魚、一匙綠莎莎醬盛盤，立刻開吃。

炙 烤 帶 殼 扇 貝 佐 義 大 利 辣 香 腸 奶 油

SCALLOPS GRILLED IN THEIR SHELLS with 'ndja butter

這一道食譜很特別,它不僅僅關於烹煮而已,也和當時的行動、地點和冒險過程息息相關。多塞特郡這裡的海岸滿布著扇貝,我有個在地好朋友,總開著一艘小船,以全副潛水裝備,潛進海裡採集扇貝維生。

如果你的扇貝就像我朋友阿里當日捕獲的那樣新鮮,那樣無敵甘甜,你就不會希望有任何食材喧賓奪主,分散對那細緻風味的關注。所以,我最喜歡的作法是,調配一款簡單的風味奶油,讓貝肉留在殼裡,把扇殼當成迷你煎鍋,直接在海邊火堆的餘燼中烹煮。這是那種人生時刻——食物做為某個更盛大且難以形容的事物的起點與核心,食物成了我們與自然之間的交集與情感的連結。

4人份

· 250克無鹽奶油,室溫
· 30克義大利辣香腸
· 2瓣大蒜
· 1顆無蠟檸檬
· 12個帶殼扇貝

盛盤用

· 1小把蝦夷蔥,切碎
· 1條麵包和美味冷飲

首先製作辣香腸('ndja butter)奶油。將奶油和辣香腸放入碗或食物調理機裡,刨進大蒜和檸檬皮屑,擠些檸檬汁,用海鹽片調味,充分攪拌,取一點放在麵包上試味道,視情況再加些海鹽或檸檬汁。這步驟可以提前幾天製作,放冰箱保鮮。我一般用烘焙紙捲包起來,或是放在密封保鮮盒裡。也可以冷凍起來,數個月不變質。

假設你同樣以營火料理,貝肉都盛在扇貝上,用一些乾燥木片和木炭起火,讓它盡情燃燒直到火光四射,然後當火開始收束轉弱,木炭開始變白成灰燼,火力也變小時,就可以開始料理了。

舀一大匙辣香腸奶油到每個扇貝殼裡,然後分散木炭,將扇貝小心平放在炭火餘燼上,以確保奶油融化時不會流洩出來。炙烤約3分鐘,直到奶油熱烈冒泡,中場換個方向,它們完全不需久煮。小心地以鉗子連殼一同取出,淋上檸檬汁,撒點蝦夷蔥,再配一塊麵包蘸食奶油,趁熱享用。

如果無法取得扇殼,用煎鍋依上述方式在爐火上料理也沒問題。如果沒有明火,那就用攝氏200度對流模式烤箱

烤個3至5分鐘，中場時，幫扇貝澆淋殼內的汁液並翻面，
烤到奶油全數融化，貝肉也嫩熟為止。沒有外殼時，也可
以擦乾生扇貝，以少許橄欖油快速鍋煎過，每面各1分鐘左
右即可，然後舀進奶油，融化時澆淋在貝肉上。

鍋煎魚菲力佐櫛瓜白豆與羅勒

PAN-FRIED FISH with courgette, white beans & basil

這道菜的主角光環在櫛瓜和白豆身上。雖然我搭配的是魚菲力,但這道菜可是我們經常在夏天時烹煮的超級配菜,因為不管搭什麼都美味。櫛瓜用足量橄欖油、大蒜、檸檬和紅辣椒碎,一起慢慢炒香,再拌進綿軟的白豆裡,最後撒上一把羅勒,稍微煨軟,風味完全大爆發。簡直是天堂滋味!鋪在塗滿奶油的酸種麵包上一級棒,和羊排一起吃也可口,搭配一片入口即化的白肉魚菲力,更是無比美味。

4人份

櫛瓜與白豆

· 500克櫛瓜
(4至5根各種顏色的
小櫛瓜最理想)

· 4大匙橄欖油

· 3瓣大蒜,切薄片

· 1小撮紅辣椒碎

· 1顆無蠟檸檬

· 1罐700克優質白豆罐頭

· 1把新鮮羅勒,取葉

魚菲力

· 4片肉質緊實白肉魚菲力
像大菱鮃、大比目魚、
海鱸魚或狹鱈

· 2大匙橄欖油

· 蒜泥蛋黃醬
(食譜請見第307頁)
可省略

將櫛瓜切成不超過小指厚度的圓片,如果體型粗大,先直切剖半再切片。橄欖油倒入一只寬口大鍋,中火加熱,微微泛光時,放入櫛瓜片,撒鹽調味,翻炒使油包覆住櫛瓜,一旦櫛瓜開始出水、鍋子開始沸騰冒泡時,加入大蒜和紅辣椒碎。用馬鈴薯削皮器片下檸檬皮,小心不要削到苦澀的白皮層,再將檸檬皮以利刀切成細絲。這其實是搶了刨絲器的工作,但是手切會比較粗,咀嚼時更有存在感。將檸檬皮絲加進櫛瓜裡,續煮10至15分鐘,偶爾攪拌,直到有櫛瓜變軟。這時連同汁液倒入整罐白豆,混拌後再煮個5分鐘,好讓風味大融合。試味道,視情況微調。此時魚肉先置旁備用。

先將魚皮徹底擦乾,淋上橄欖油,抹鹽調味,加熱不沾鍋,油熱時皮面朝下放入,此時會激烈地嘶嘶作響,用力將魚皮朝鍋底下壓,才能煎出酥香的魚皮。先不翻面煎至75%的熟度,依魚片厚度決定煎煮時間,但可輕易從魚的側面看出熟度。當魚皮不黏鍋時,就知道已經酥脆到可以翻面了,翻面再煎1分鐘,至多不超過2分鐘。取一把刀或燒烤串籤測試魚的熟度,刺進魚身中央部位幾秒後取出,輕觸嘴唇,如果是溫的,表示魚已經熟了;如果是燙的,魚則已經過熟。

確定豆子是熱的，放進羅勒，和魚片一起盛盤，擠點
檸檬汁。如果剛好有，就放一匙蒜泥蛋黃醬。

薩爾莫里歐醬海鱸魚義大利細扁麵

SALMORIGLIO & SEABASS LINGUINE

薩爾莫里歐（Salmoriglio）是一款用乾燥牛至、橄欖油、大蒜和檸檬調製的西西里醬汁。充滿強烈的夏天時節感，可快速完成，風味十足。淋在蒸或烤蔬菜上、BBQ魚片或羊排上極好，也可以當做醃醬使用，是很棒的常備利器。

這裡我做為混拌巴西里海鱸魚片義大利麵的細緻醬汁。想像一道以西西里為靈感的蒜香義大利麵（以大蒜、紅辣椒碎和橄欖油煮就的義大利麵），但多了軟嫩的魚片和大量巴西里，這是一道很快能上桌，口感輕盈、味道鮮辛的夏日義大利麵。海鱸魚的質地在這裡特別合適，但也可以用其他類似片狀肉質的白肉魚取代。

3人份

· 300克細扁麵
· 300克新鮮海鱸魚菲力
· 2大匙橄欖油
· 1把分量不算少的巴西里切碎

薩爾莫里歐醬

· 2瓣大蒜
· 120毫升橄欖油
· 1顆檸檬擠出的汁液約60毫升
· 1小撮乾燥牛至
· 少許紅辣椒碎

先取一鍋具注水，煮至沸騰，準備煮義大利麵用。再來製作薩爾莫里歐醬。將所有醬料所需食材，放入高速食物調理機攪打至順滑。我喜歡以Nutribullet調理機代勞，可以打成如絲緞般的迷人質地，但你可以用手持式攪拌棒，或把大蒜磨碎放入一只玻璃瓶，再加進其他食材，然後瘋狂搖晃瓶子也行。打好後置旁備用，檸檬會馴服大蒜的生辛。

以鹽調味煮麵水，放入細扁麵，煮麵的同時，將魚片去皮，魚肉切成小塊，放入大碗裡，以鹽和黑胡椒調味，在麵調煮好幾分鐘前，加熱一只寬口淺鍋，倒入橄欖油，放入魚塊，在鍋裡翻拌快炒，當兩面都變白時即放進義大利麵、些許煮麵水及巴西里。倒入大量的薩爾莫里歐醬，記得你永遠可以多加，但不可少放的大原則，並和煮麵水混勻，直到醬汁質地滑細。試味道，視需要微調。立刻享用，不妨多準備些醬汁，讓大家可依喜好自由添加。

白 酒 蛤 蜊 義 大 利 細 扁 麵

LINGUINE VONGOLE

白酒蛤蜊義大利麵是一道傳奇料理，它的出眾在於純粹，最傳統的版本堅持極簡，好讓蛤蜊綻放光芒。我依然記著爸爸曾為我們這些小鬼頭做這道菜的美好回憶，他用墨魚義大利麵條製作，還加了櫻桃小番茄和茴香籽，讓料理多了些許鮮甜。

不過，這裡分享的食譜是屬於比較正統本格派，毫無額外添加來干擾蛤蜊、白酒和大蒜之間的美妙關係。做這菜的絕對關鍵在於時間拿捏。你希望麵條在加入蛤蜊時，是完美的彈牙口感，而蛤蜊也恰好剛剛把殼打開，釋出其汁液。分享一個高明小技巧是：在最後丟入一小塊奶油。除了添點絲滑油脂，同時有助醬汁乳化。有些人選擇不加檸檬，怕分散了蛤蜊的風采，但對我來說，檸檬不可或缺——在最後刨點皮屑，擠些汁液，讓整道菜鮮活起來。

4人份

· 1公斤新鮮蛤蜊
· 400克細扁麵
· 4大匙橄欖油
· 6瓣大蒜，切薄片
· 1根長紅辣椒，細切
  或1至2小撮紅辣椒碎
· 100毫升白酒
· 30克無鹽奶油
· 1大把（20克）
  新鮮巴西里，細切
· 1顆無蠟大檸檬

將蛤蜊放進已注水，並加了大把鹽的水槽裡，使其恢復生氣，任何不閉闔者一概丟棄。

取一大鍋注水，加熱至滾，加入大量鹽，下麵條——這是道快手料理，所以你得上緊發條。將橄欖油、大蒜和紅辣椒碎，放進另一大鍋裡，之後開火加熱，如此一來，油可以慢慢升溫，足能吸飽大蒜和辣椒的香氣。小火爆香數分鐘，但千萬別讓蒜頭和紅辣椒變焦。當油聞起來噴香無比時，倒入白酒，蓋上鍋蓋，轉大火。一旦酒熱騰滾煮時，倒進蛤蜊，再把鍋蓋蓋上，用力搖晃一下鍋子，然後任其烹煮約2至3分鐘。

此時，麵條差不多彈牙，而蛤蜊也差不多開殼了，預留一大杯煮麵水，濾出麵條，旋即倒入鍋內，灑些許煮麵水，丟一小塊奶油和巴西里碎，快速攪拌並不斷翻炒麵條，直到醬汁乳化，能厚厚地裹覆住麵條。擠進半顆檸檬汁，刨些許皮屑。立刻盛盤，淋上優質橄欖油後享用。

菠菜番茄與鯷魚法式焗烤

SPINACH, TOMATO & ANCHOVY GRATIN

可口的焗烤是人間美味——一道浸潤在奶香醬汁，上頭滿是焦糖化的酥脆表皮，謙遜無華的蔬菜焗烤料理。馬鈴薯千層派（dauphinoise）無疑是焗烤界的王者，但我愛用相同手法來料理馬鈴薯之外的各種蔬菜。瑞士甜菜、韭蔥、西芹頭和蕪菁，都能在焗烤中表現出色。這是我們熱愛的夏日家常版本，搭個鮮辛綠葉沙拉就很棒，甚至又可以是匹配羊肉或一塊美味牛排的吸睛配菜。我用鮮奶取代鮮奶油，讓菜吃來更清爽，而在番茄仍然美味的涼爽早秋日子，我會一半鮮奶油兌一半雙倍乳脂鮮奶油，給菜多點飽足濃郁口感。

5至6人份

· 800克李子番茄
  直切成四等份

· 5大匙橄欖油

· 800克菠菜

· 50克奶油

· 2顆大洋蔥，切細丁

· 40克中筋麵粉

· 些許白酒，約100毫升

· 500毫升全脂鮮奶

· 2/3顆肉荳蔻

· 10片鯷魚

· 70克粗麵包炸粉

以攝氏200度對流模式預熱烤箱。

將番茄排放在剛好可以鋪滿一層的盤皿或烤盤裡，切勿重覆堆疊。大方淋上橄欖油約2大匙，以鹽調味。入烤箱烘烤約1小時，這個步驟重點是讓多餘水分蒸散，濃縮風味及質地。

烤番茄的同時，洗淨菠菜。取一大鍋，倒入2大匙橄欖油，中火加熱，放入還殘留洗淨水漬的菠菜，撒鹽調味，炒幾分鐘直到縮水。你也許得分批處理，菜葉塌軟後移到濾網裡，濾出多餘汁水。

鍋具重新加熱，放入奶油，融化之後，下洋蔥和一大撮鹽，炒約15分鐘直到柔軟。倒入麵粉攪拌一番，轉小火，炒幾分鐘，持續不斷攪拌，灑白酒，充分與麵粉拌勻。此時會形成粉塊，慢慢倒入鮮奶，一點一點地灑，繼續不停攪拌，慢慢進行這個步驟，確定拌勻無結塊後再續加。混進所有鮮奶後，磨入肉荳蔻，以鹽和黑胡椒調味，試味道並視情況微調。這個階段一定要確定白醬調味理想，否則出爐之後，整道菜會淡而無味。

此時番茄應該烤畢，從烤箱取出。擠捏菠菜，力求去除所有汁水，加進烤番茄裡混拌一番，使其隨機分散。倒入白醬，用湯匙沿著烤皿撥開，好讓醬汁鋪滿整個烤皿，接著鋪排鰻魚，均勻撒上麵包炸粉，淋些許橄欖油。放進烤箱，烤約30分鐘，直到表面呈金黃色澤，底層醬汁滾動冒泡。如有必要的話，可以利用烤箱上火炙烤一下，加深表面上色。靜置約10至15分鐘再享用。

炙烤羊排佐酸豆奶油橄欖醬

GRILLED LAMB with tapenade butter

當羊肉的肥腴遇上濃烈的鹹味，總是特別相得益彰。這味酸豆奶油橄欖醬很強悍，但非常能突顯羊肉的滋味。你會發現自己不由自主地蘸食醬汁，享受迷迭香的氣息與黑橄欖和鯷魚的濃郁。這是我在某個夏日深愛上的料理，但全年一直到深冬都能享用，只要隨機變化配搭的蔬菜即可。但我個人最偏愛的方式，是和水煮茴香頭及新馬鈴薯盛盤，最後再簡單以橄欖油和巴西里調味。

這道食譜能做出分量不少的奶油橄欖醬，可以用保鮮膜或鋁箔紙捲裹起來，備在冷凍庫，下次需要強大風味助陣時，便可立刻上場救援。和牛排搭檔、和半熟蛋鋪在麵包上，甚至澆淋在肥美魚排上，都無敵讚。如果你不想剩太多，把奶油分量除以二即可。
（照片請看第219頁）

6人份

· 12塊羊排

· 橄欖油

· 1大把新鮮巴西里
  切碎

酸豆奶油橄欖醬

· 1瓶去核卡拉瑪塔橄欖
  濾出約160克

· 100克酸豆

· 3株新鮮迷迭香

· 250克鹽味奶油
  室溫放軟

· 10片鯷魚

· 2至3瓣大蒜
  數量視大小而定

· 1顆無蠟檸檬
  （皮屑入奶油，
  些許汁液盛盤用）

製作酸豆奶油橄欖醬不能更簡單了。濾出橄欖和酸豆，置於濾網裡滴除多餘汁液，你可以趁這個空檔切碎迷迭香。將所有食材放進食物調理機，磨進大蒜和檸檬皮屑，以按暫停鍵的方式間續攪打。我喜歡保留一些酸豆和橄欖的口感，所以短暫攪打使其混合即可，中間可打開，刮下盆壁的殘留，力求確實均勻拌入所有食材。預留幾匙搭配羊排享用，其餘以保鮮膜捲裹成長條，再包上鋁箔紙，如此冷凍後，只有要直接切片就能使用。

以鹽調味羊排，靜置在碗裡約30分鐘好讓鹽味滲入，羊排也能退冰。時間到時，取一煎鍋，中火加熱，淋些許橄欖油，將羊排以直立排排站方式，油脂面朝下放入鍋中，讓它們保持平衡站好，香煎約5分鐘，時不時往下加壓，好讓油脂噴香焦糖化。取出羊排片刻開大火，當鍋子極熱，放入羊排，快速將兩面煎至金黃，當第二面煎好時，豪邁放入2大匙酸豆奶油橄欖醬，邊搖動鍋具，一邊將奶油澆淋於羊排上。再全數倒入一只大碗，以奶油淋上所有羊排，靜置5分鐘。時間到時，擠些許檸檬汁，磨些黑胡

椒，並放入一大把巴西里碎，希望你能得到內裡依然粉紅軟嫩，外頭油脂香酥，噴發著旨鹹與奶香的美味羊排。

　　吃這菜時，我特別喜歡用我最愛茴香頭和水煮馬鈴薯做為配菜。接下來純粹就是一個如何煮這道菜的粗略描述，真的很簡單，甚至和魚也很對味。當以鹽調味的羊排還在靜置退冰時，取鍋注水加入鹽，煮至沸騰後，放一些甜美的新馬鈴薯滾煮，約10分鐘後，可以開始入鍋料理羊排，這時再粗切和馬鈴薯差不多分量的茴香頭。等到馬鈴薯接近軟熟時，放入茴香頭一起水煮，一切都很完美的話，於此同時，應該差不多要把羊排起鍋靜置了。茴香頭大約煮5分鐘，瀝出，以足量海鹽片、許多橄欖油、一點檸檬汁和一把新鮮巴西里碎調味並混拌，用湯匙稍微壓碎馬鈴薯。和羊排及大量奶油醬汁盛盤，太銷魂了！

簡易烤盤烤雞

EASY CHICKEN TRAYBAKE

這是我經常使用的雞肉醃料，由許多氣味迷人的香草、香料、優格、大蒜和檸檬混調而成。如果能醃上一段時間，醃料能確保雞肉多汁，所以可能的話，讓它慢慢地好好施展魔法。最重要的是，記得讓雞肉退冰至室溫，切勿從冰箱取出就直接烹調。烤箱初始以高溫開始烘烤，一旦雞皮形成酥脆質地，立刻調低溫度，慢慢完成烘烤。盛盤前，記得讓雞肉靜置，以利回收汁液。

6人份

- 2大匙阿勒坡紅辣椒
  （一款清新芳和的紅辣椒）
- 2大匙茴香籽
- 1大匙孜然
- 2大匙乾燥牛至
- 20克海鹽片
- 6瓣大蒜
- 6大匙優格
- 2公斤雞大腿、雞翅
  和棒棒腿
- 1把新鮮百里香
- 橄欖油
- 1顆無蠟檸檬
- 中東芝麻醬
  以少許孜然調味
  （請見第255頁）

我喜歡用研磨砵製作醃料，可以快速將所有食材捶磨混合，不過使用食物調理機，或在一只碗裡搗磨搞定也沒問題。將香料、乾燥牛至和鹽放進研磨砵裡，簡單搗碎片刻後，放入大蒜，磨成細泥狀，再倒入優格，混拌融合。將雞肉放進一只大碗，倒入香料優格，加入百里香的葉子，淋些許橄欖油。接著稍微將醃料按摩進雞肉，連小縫隙邊角也不放過，最理想的狀況是，雞肉密封靜置至少幾個小時，再進行烹調。

醃漬完成後，從冰箱取出雞肉，靜置退冰。以攝氏230度對流炙烤模式（fan-grilled）預熱烤箱。取一只大烤盤，鋪上烘焙紙，放上雞肉，再把所有碗裡的殘餘醃料淋在雞肉上，讓醬汁覆蓋著雞皮，烘烤約15至20分鐘。你想要的是焦糖化但不焦黑的雞皮，當雞皮開始染上好看的金黃色澤時便從烤箱取出，用一旁的肉汁澆淋雞肉，再刨進些許檸檬皮屑，將烤溫調降至攝氏140度對流模式，再放入雞肉續烤10至15分鐘，直到雞肉熟透。取出後靜置10分鐘再開動。我特別愛以少許孜然調味的中東芝麻醬配著吃。

蒸烤杏桃海綿蛋糕

STEAMED ARPICOT SPONGE

蒸海綿蛋糕是個美妙的東西：製作不費吹灰之力，質地跟空氣一樣輕盈溼潤。這些迷你海綿蛋糕和底下鋪的糖煮酸杏桃一起蒸烤，翻轉脫模的時候，會有汁液滲進蛋糕裡。杏桃是我偏好的烹煮型水果，它的酸對上海綿蛋糕的甜，簡直是天堂美味。儘管杏桃季節稍縱即逝，但這可是一道值得全年製作的好糕點，所以就煮漬其他水果替代吧！只要確定質地是果醬般濃稠而非薄稀即可。冬天時，柑橘果醬就是很棒的選擇。

4人份

煮杏桃

· 40克奶油

· 6顆杏桃，剖半去核

· 3大匙細砂糖

· 些許蘋果白蘭地、
  馬德拉酒或任何甜酒

海綿蛋糕

· 90克無鹽奶油
  室溫放軟，再多備
  做為塗抹烤盤用

· 90克細砂糖

· 1顆無蠟檸檬磨的皮屑
  和擠的汁液

· 2顆蛋，打散

· 115克自發性麵粉

· 1/2小匙泡打粉

· 2大匙全脂鮮奶

盛盤用

· 自製卡士達醬、
  冰淇淋、法式酸奶油
  或雙倍乳脂鮮奶油

以攝氏180度對流炙烤模式（fan-grilled）預熱烤箱。在4個3乘以2英吋的小圓烤模內裡塗抹厚厚的奶油。先準備杏桃，取一只大小可以剛好鋪排一層杏桃的鍋具，放入奶油，點火，當奶油開始冒小泡時，切面朝下放入杏桃，撒上細砂糖，煮約4分鐘。直到開始軟化便將杏桃翻面，倒入白蘭地續煮3分鐘，熄火靜置。你希望煮到杏桃開始軟化，湧出美妙汁液，但還不到爛熟的程度。

海棉蛋糕部分，用桌上型攪拌機或手動攪拌機攪打奶油、糖和檸檬皮屑，約5分鐘，直到色淡鬆發。在攪拌機運作之下，慢慢倒入打散的蛋液，接著麵粉和泡打粉過篩加入，翻拌並拌入鮮奶和檸檬汁。

在每個小烤模底層，放三塊杏桃及足量煮汁，上層填進蛋糕糊，但切勿填滿，因為蛋糕會漲發，最後在每個烤模上覆蓋一張小圓烘焙紙——到這個步驟，可以放入冰箱冷藏到準備烘烤為止。烘烤時先將小烤模放在高緣烤盤裡，倒滾水入烤盤，水高約小烤模的一半以上。用鋁箔紙密封住烤盤，入烤箱以180度烘烤35至40分鐘。測試熟度時，可以取烤肉木籤插入蛋糕中央，取出時應該無沾黏。將烤盤拿出烤箱，拿掉圓烘焙紙，以刀子沿著烤模內緣劃一圈，將蛋糕翻轉入小碗裡，與自製卡士達醬、冰淇淋、法式酸奶油或雙倍乳脂鮮奶油一起享用。

法式反轉杏桃塔

APRICOT TARTE TATIN

這道食譜我已經做了許多年。杏桃是極適合烹煮的美妙水果，能在高溫裡重生、復活。這裡以最直接且簡易的方法，達到其明酸如稠醬的質地。

傳統的塔點需要不少前置作業，比如盲烤（編按：先烤不填餡的空塔皮）及擀開酥皮等，但反轉塔不需要講究這些鋩角，因為是倒著烤，以杏桃來說，只需片刻時間：一旦填餡製作完成，就只要蓋上塔皮，塞進邊角，送入烤箱，烤到香酥膨發，接著享受把甜塔翻轉過來，揭曉果餡光芒四射的美好一刻吧！

6人份

· 500至650克新鮮杏桃

· 40克奶油

· 80克金黃細砂糖

· 1張現成奶油千層酥皮
  或自製極簡版酥皮
  （請見第310頁）

· 1顆蛋，打散

盛盤

· 簡單打發的鮮奶油、
  法式酸奶油或冰淇淋

· 蜂蜜和新鮮百里香葉
  （可省略）

以攝氏200度對流模式預熱烤箱。

首先，替杏桃去核，以刀子沿著杏桃外表溝線切開，兩手各執一半杏桃，往反方向一轉，內核就會脫落。取一只約25至30公分寬、可入烤箱的煎鍋，中火加熱，融化奶油。杏桃以切面朝下放入，分量需要能鋪滿煎鍋才行，記住烹煮後會縮水，但也不能兩兩堆疊放置，撒上砂糖，慢煮幾分鐘，搖晃一下鍋子，有助砂糖融化、杏桃釋出汁液，形成黏稠漿汁。片刻後即翻面，因為希望杏桃等下在烤箱裡，還能保持原本質地。

將酥皮剪成一個比煎鍋還大些許的圓片，鍋子離火後，將酥皮蓋到杏桃上，邊緣向內塞，以包裹住杏桃。刷上蛋汁，以叉子隨機在酥皮上叉些孔洞，放入烤箱，烘烤約20至30分鐘，直到塔皮酥香金黃。取出烤箱，靜置5分鐘，然後以一個大餐盤或砧板蓋到煎鍋上方，小心將塔翻轉脫盤。可以佐食打發鮮奶油、法式酸奶油或冰淇淋。淋點蜂蜜，再點綴上百里香葉，效果也不錯。

酸櫻桃馬德拉酒冰淇淋

SOUR CHERRY MADEIRA ICE CREAM

之前我住過的地方，有兩棵迷你的莫雷洛（Morello）酸櫻桃樹。這兩棵纖細小巧的朋友，從來不曾比我高，但每年倒是結了不少可口果子，因為太酸沒辦法直接吃，但烹煮後可是無敵美味，也因此催生了這則食譜。

我曾微調成一般櫻桃，加了一點檸檬汁達到相近的酸度。但如果你有機會遇見莫雷洛酸櫻桃，或很幸運擁有這樣的櫻桃樹，用這則食譜製作時記得省略檸檬汁，然後等著被驚豔吧！這道甜點的櫻桃酸中帶著嚼勁，混入微焦的焦糖醬，變身鮮紅醬汁，與冰涼香草籽冰淇淋，相得益彰，和甜筒一起吃超棒，舀進碗裡單吃也行。這個食譜也很適合用秋天的達姆森李子製作，只要省略檸檬即可。如果你沒有冰淇淋機，或只是單純不想做冰淇淋，也可以買市售的優質香草冰淇淋，淋上馬德拉酸櫻桃就好。

6人份

酸櫻桃波紋的醬汁

· 500克櫻桃
· 120克細砂糖
· 80毫升馬德拉酒
· 2顆大檸檬

香草冰淇淋

· 450毫升雙倍乳脂鮮奶油
· 375毫升全脂鮮奶
· 1根香草莢
· 120克細砂糖
· 5顆蛋

先製作冰淇淋用的卡士達。將雙倍乳脂鮮奶油和鮮奶，倒入一個厚沉的鍋具，然後將香草莢垂直劃成兩半，刮除香草籽，和空莢一起放入牛奶鍋。小火加熱直到微滾狀態即熄火。加熱鮮奶油時，將蛋黃和糖放進一只攪拌盆，攪打直到色淺鬆發，此時，徐徐將熱鮮奶油倒入蛋黃裡，持續不斷地攪拌，這能溫和地升溫，使蛋黃不受高溫「沖」擊而快速凝結。

將混勻的蛋奶液倒回鍋子，小火加熱，持續攪拌，不要讓奶醬停留鍋底太久，繼續烹煮並攪拌，直到醬汁濃稠到取出木匙時，能在木匙背後沾到的卡士達上劃直線而不會糊掉。如果用溫度探針測試，介於攝氏77至82度即大功告成。切勿加熱過度，會導致凝結。倒進濾網，過濾掉結塊，放進冰箱冷藏至少4小時或隔夜。

現在處理櫻桃。你得先去核，不是用櫻桃去核器，就是用刀繞著櫻桃打轉，再把果核從果肉間扭出來。焦糖部分，將細砂糖輕撒在內裡為淺銀白色的寬鍋，以中火加熱。千萬別攪動它。當糖開始融化時，可以稍微搖

晃鍋子幫助其融化得均勻一點，但絕對避免攪動。你只需要持續煮，直到開始冒煙，然後變成好看的紅色，這樣深色的焦糖，風味會更有層次。現在可以小心地倒入馬德拉酒：遇冷會固化焦糖，但隨著馬德拉酒液升溫，焦糖又會開始慢慢融化，加入櫻桃，煮到全數癱軟，釋出汁液到醬汁裡，這步驟大約會花上15至20分鐘，這時候吃起來應該很有嚼勁且美味。擠入一顆檸檬的汁液，拌勻後試味道，可能會需要多一點點檸檬汁或糖，來平衡風味。酸度會是甜蜜冰淇淋的完美幫襯。

　　將放涼的卡士達醬倒入冰淇淋機裡，依照說明操作，完成時，移入密封保鮮盒裡，再倒入櫻桃醬，稍微混拌，放入冷凍定型。

小黃瓜薄荷或覆盆子檸檬汁

CUCUMBER & MINT OR RASPBERY LEMONADE

那是個熱爆的一天，我們處在熱浪中，已經好幾個禮拜沒下雨了。天空沒有半點雲的蹤影，浪一樣的熱氣在田野上閃爍湧動，禿鷲在高處發出刺耳尖銳的叫聲，牠們的輪廓映襯著太陽，像燒焦的黑影。山羊享受著暖陽，而綿羊則在樹籬下喘氣。我的兩隻毛毛狗緊貼在冰涼的廚房地板，而我整個下午有堆疊乾草綑的活要做。這是個破紀錄的年份，比起去年才240綑，今年一共340綑。我們花整個下午把它們堆到拖車上，每次在拖拉機的裝運桶裡裝上8綑。到最後都得堆得快和房子一樣高了，雖然是苦力活，卻是我一年中最喜歡的勞務之一，和左鄰右舍協力合作，充分運用夏天甜美的儲備青草，做為未來貧瘠冬日餵養動物的糧草。

工作結束，我們全身因流汗而溼黏，且沾滿了令人發癢的青草。當所有人在拖車陰影下癱成一片，我進屋調製一款我所知道最清涼解渴的飲料——透心涼檸檬汁。以下是我最愛的兩種風味，小黃瓜和薄荷，及受到西西里啟發，用整個檸檬和覆盆子製作的版本。（照片請看第232頁）

可調製約1.5公升（8大杯）

· 1大根小黃瓜
　500克，粗切

· 海鹽片

· 4顆檸檬

· 100克細砂糖

· 10克新鮮薄荷葉
　（檸檬馬鞭草葉更好）

· 大量冰塊，多備的
　小黃瓜片和新鮮
　薄荷枝，盛裝時用

小黃瓜與薄荷

　　將小黃瓜和1小撮鹽，放進食物調理機，攪打約1分鐘，成泥狀。將黃瓜泥倒入放有濾勺的碗裡，過濾汁液約15分鐘——重點是獲取最多的黃瓜汁。如果你不想用任何機器，也可以徒手將黃瓜磨成泥。

　　15分鐘後，擠壓出黃瓜最後殘留的汁液，殘渣丟棄（有時我會拿來做希臘優格小黃瓜醬）。就著濾勺將檸檬汁擠進黃瓜液裡，盡可能擠出檸檬汁液，倒入細砂糖，快速使力攪拌直到糖溶解。試喝應該很讚才對。我喜歡加一點海鹽片，會帶給果汁必要的鹹味，有助於大熱天補充電解質。盡你最大可能細切薄荷，然後加進檸檬汁裡。

　　取一只大水瓶，裝滿冰塊，倒入檸檬汁至半滿，再倒水直到滿瓶，放入冰箱冰鎮。飲用前，再倒更多冰塊，放幾片小黃瓜和一枝薄荷，和一點點海鹽片。

　　PS. 這款檸檬汁也能做為琴酒調酒的超讚基底。

可調製約1.5公升
（8大杯）

· 4顆無蠟檸檬

· 250克覆盆子

· 150克細砂糖

· 10克新鮮薄荷葉

· 大量冰塊和
  更多的新鮮薄荷枝，
  盛裝時用

覆盆子

　　將其中一個檸檬切成四等份，小心挖出所有籽，將整個檸檬、覆盆子和糖，放入食物調理機，攪打至順滑。將剩餘檸檬透過濾勺，擠汁液進食物調理機裡，放進薄荷葉，攪拌片刻使之混和，這時你應該會看到一款鮮亮性感的粉紅色調汁，嘗來風味強悍、甜美又濃烈。用整個檸檬是西西里手法，那會帶來內斂的苦味，能有效地平衡其他風味。

　　取一只大水瓶，裝滿冰塊，檸檬汁倒半滿，再倒水直到滿瓶，放入冰箱冰鎮。飲用前充分攪拌，因為這個配方有果肉，相對濃稠。最後以一兩枝薄荷裝飾。

AUTUMN

秋 天

　　秋天，和春天一樣，是極為明顯的過渡季節。引領我們從鮮美豐盛的夏日收成，進入一片荒蕪的寒冬。如果一下要從頭跨到尾，改變會太劇烈，但它卻是一個總在不知不覺中就開始的季節。秋季大部分時間，都還在大量收成，我們會趕著在貧瘠的冬天來臨前，好好利用番茄、櫛瓜和新鮮香草。樹籬結滿深色果子，採摘一籃籃用來做甜派和奶酥的黑莓後，手指都染成了紫色。秋日暖雨，讓夏季乾枯的草又開始抽高，羊兒被田野養肥了，身上的毛，趕在冬天前變厚實。鄰居帶著他的牛，穿越我們地勢較高的田野，讓牛隻啃食長草，也散布野花種籽。坐在牛群中間，因為喜愛牠們平靜詳和的存在。牠們大聲嚼草，甩掉惱人的蒼蠅，吐出青草味的氣息，用憂鬱的眼神好奇地看著我。在黎明的金色陽光中，低霧籠罩著山谷，帶露的光，照亮了飄浮在空中縹緲的大片蜘蛛網。九月底，燕子上百成千地集結，盤旋在簇生的草原上，一邊教導幼鳥飛翔，一邊大口吞食昆蟲，為即將到來的遷徙非洲過冬做準備。

　　菜園裡萬物欣榮，所有春天的辛勞，此刻實在地獲得了回報。高大的榛木攀爬架上長滿厚厚一片像叢林似的深綠葉子，底下藏滿一串串脆口的長豆。向日葵站得挺直，活潑盛放，蜜蜂在黃色的花粉間，喜悅地振動。耶路撒冷朝鮮薊在風中搖擺，南瓜藤溜出邊界，爬上花園的籬笆。現在的摘採幾乎不可能跟上塑料大棚裡番茄的成熟速度，留在藤上太久的番茄因而爆漿。櫛瓜完全失控，我們裝滿無數推車的條紋櫛瓜餵食山羊。日照開始變短的時日，我們會在溫室超前部署，播下最後一批甘藍、韭蔥和羽衣甘藍的種籽，確保我們在寒冷的冬天，有食物裹腹。

　　每一天，太陽上升的位置，一日低過一日，蜜色光線在田野上投下長長的影子，涼風襲來，讓我們自然而然拿出本季的第一件厚實羊毛衣。果

園裡，樹枝掛滿沉甸甸的果子，我爬上滿覆青苔的樹幹，和大黃蜂及虎頭蜂，爭奪紫李和光澤耀人的榅桲。好幾大桶的果醬在爐台上熬煮，當我們消毒玻璃瓶並倒入一袋袋的砂糖，來保存水果收成時，閃亮細泡在表面翻滾爆裂。我們種的紅辣椒，終於開始展現紅豔色彩，我們把它們和多的香草及花朵綁成一束，吊掛在溫室裡風乾。第一顆玫瑰色蘋果出現在渾身節瘤的果樹上，我們把它們和過熟的番茄一起熬煮成香料醬汁和番茄醬。滋味鮮明的達姆森李子和西洋李子，被泡漬在琴酒裡為聖誕節做準備，我們同時以文火滾煮接骨木花，製成一款叫龐塔克（Pontack）的深色絕妙醬汁。我們也忙著進行大量醃漬、發酵、風乾和浸泡，保存菜園供過於求、無法及時消化的收成。醋香四溢的廚房感覺生氣蓬勃，也為即將到來的荒蕪冬季，帶來一抹令人歡喜的色彩。

秋天是釣魚的好時節。我和弟弟們，經常在傍晚時跑到海邊，看無數鯖魚群躍出海面，追趕小鯡魚群上岸邊。在安置好釣竿前，我們會先跑去抓幾把小魚，返家時可以沾裹香料麵粉，炸來當速成點心吃。農夫們會帶著他們的牧羊犬下來，狗兒會在海邊來回奔跑，然後直接在沙灘上把魚吃掉。在天氣大好的傍晚，帶著加重羽毛被，我們把魚鉤甩進波濤洶湧的海裡，一次捕到五條鯖魚，最後帶著三十條閃閃發亮的魚兒回家煙燻。

接著呢，樹開始一如往常地枯萎，森林搖身一變，成了被隨風飄揚的枯葉覆蓋的天蓬。我走進林間，入迷地搜尋地上可能冒出的蘑菇，特別是牛肝菌和雞油菌，我的狗則來回奔跑，追逐著身旁的松鼠們。我依舊尚未找到穩固的採收地，倒是一位鄰居送來一大袋牛肝菌，我們用了奶油、大蒜及鮮蛋煮成早點，這味道一直是我一年中記憶最深刻的一餐。

十月，晚間天氣開始變冷，但白天依然明亮、青碧且陽光普照。這是一年中最神奇的時段，幾乎像是第二個春天。山羊媽媽開始變得有點「熱情」，整天朝著田野呼喊著我的公羊群。公羊們昂首直立，當牠們聞到風傳來母羊的氣味時，鼻子便開始喘息噴氣。有天早上，我發現最雄糾氣昂

的公羊里奧在院子昂首闊步，朝著母羊們前進，我們花了老半天工夫，試著用食物和套索抓牠。這事件帶來一陣跟風，每天都會有逃脫者：堅持不懈的公羊，無視通電的籬笆奮力躍過六呎高的門，真的是惡夢一場。我擔心的是，牠們會讓母羊過早受孕，或更糟的是小羊早產。所以，我們決定用繩子把最頑皮的公羊綁起來，讓繩子垂在地上，牠們一旦想逃脫，我們可以很容易捉住。我們同時也把母羊們藏在山丘上，避免牠們被聞到或看見。但難以避免地，每年總還是會有令人意外的一兩次早產發生。

接近秋天尾聲，強勁的爆風雨開始襲擊農場，吹落樹上的銅亮枯葉，淹沒所有菜圃。我們在壁爐升起年度第一次柴火，房子再次充滿暖暖的煙燻氣息。番茄和櫛瓜依然持續產出，但食物已經從清爽多彩，過渡到對抗冬季的慢燉和癒療系料理。十月顫巍巍地進入有著鐵灰色天空和厲風的十一月。草的生長緩慢下來，呼出的氣開始結霧，差不多是時候再次為動物鋪放乾草。我們把公山羊和公羊，放進母羊群居所在。母羊被昂首挺胸、激動而不斷噴氣喘息的熱情公羊們初次求歡，嚇得四散逃離。初次霜寒終究還是來了，那是令人難過的一天，因為大部分蔬菜如嫩香草、豆子高叢和櫛瓜，都禁不住寒冷倒地而壽終正寢。

蘋果也一批批掉落，開啟了年度第一次榨汁。我們會和鄰居一起拿舊的堆肥袋子將蘋果裝袋，用拖拉機驅動的機器壓碎後與稻草堆疊起來，在滿是酵母味的穀倉裡，用巨大橡樹幹慢榨蘋果汁。混濁的果汁涓滴流進桶子裡，散發著麝香氣息的木桶甜漿匯聚，今年冬天可以慢慢發酵。我們笑著，手裡搖晃盛裝去年份蘋果酒的馬克杯。

終於，黑暗迫近，大自然又呈現一片荒蕪。每天例行地添加乾草餵食，在爐台上慢滾高湯的儀式再度展開。冬天又將到來，一個慢下腳步，盤點庫存，靜候下個周期抵臨，把我們推進騷動混亂的春季之中。這是依隨季節而活的樂趣，擁抱變化，享受明白美好的一切會再回來。正如史坦貝克的名言：「如果沒有冬天的酷寒對比，夏天的溫暖又有什麼好呢？[1]」

甜菜根濃湯和自選添料

BEETROOT SOUP & THREE TOPPINGS

這道可以說是我們家維繫生命的一款食譜，一道我們一煮再煮的料理，本質上來說超級簡單且提振精神。絲緞般滑順，豐腴飽滿，煮的時候，總像一鍋熔岩般翻騰冒泡，喝來營養又療癒。用一點蘋果醋提味，可以讓湯的大地氣息明亮起來。它算是一道經典派對菜色，因為顏色鮮豔，我總愛拿它做為前菜，但隨意捧在膝上享用，也一樣適合。我分享三種可以讓這道湯瞬間復活的添料，如此，你可以依手上有的食材，決定如何享用這道湯品。

可製作8碗湯

· 1.5公斤甜菜根

· 100毫升蘋果醋

· 200毫升法式酸奶油
  或雙倍乳脂鮮奶油

添料選擇

· 幾片煙燻鰻魚
  和一大匙濃烈辣根醬
  （請看第308頁）

· 易碎質地山羊乳酪
  和蒔蘿

· 天然優格
  和烤香過的孜然

先在水槽裡將甜菜根外皮的土泥洗淨，不必去皮或切掉頂端，留著湯色才會更鮮豔。放入大鍋裡，注水淹沒，再倒入蘋果醋，以適量鹽調味，加熱煮至沸騰，然後蓋上鍋蓋，轉小火，慢滾煮1個小時左右。當甜菜根煮到通身柔軟，你應該能輕易地以刀子刺入中心部位。

取出甜菜根，靜置於大碗裡放涼，保留所有煮汁，溫度降到能以手處理時，即可剝去外皮，只要用大姆指一掐，應該就很容易剝除才是。我認為這是廚房裡最令人感到滿足的煮食差事之一，但記得戴上手套，否則你的雙手在接下來幾天都會是桃紅色的。將甜菜根分切為四等份，放進高速調理機，再放些許之前預留的煮汁，攪打至濃稠但能傾倒的質地。最好分批進行，邊進行邊試味道，即便醋是調味的關鍵角色，能夠大大減低甜菜根的土味，但你可不想倒入太多變成醋味煮汁。攪打時，可以同時放入法式酸奶油，讓湯的質地輕盈透氣，口感絲滑。成品應該嘗起來美味，看起來美豔才對，但務必要確實試味道，並視情況微調直到風味平衡。

倒入鍋中重新加熱，盛盤時放入你的自選添料。這湯能在冰箱冷藏保鮮一週，也可以把剩湯凍起來，以備不時之需。

烤麵包上的西班牙小青椒、伊比利火腿與蛋

PADRÓN, IBÉRICO HAM & EGGS ON TOAST

這道菜滋味豐富，超級好吃。與其說是食譜，不如說是食材的組合，製作不能更簡單了。在塗抹奶油的烤麵包上，擺著散發檸檬香的煸煎西班牙小青椒，幾片伊比利火腿、紅辣椒碎和一個太陽蛋。

如果早上醒來提不起精神，這會是一道很理想的早餐，但我個人極樂意早中晚都來一份。我尤其喜歡最後再放上幾片鰻魚，但如果你不愛，就省略吧。

3人份

· 3大匙橄欖油

· 300克西班牙小青椒

· 1顆檸檬

· 3顆蛋

· 3片酸種麵包或拖鞋麵包

· 1方塊奶油

· 幾片伊比利火腿
（或塞拉諾火腿），
同麵包片的量

· 幾片鰻魚（可省略）

· 1小撮紅辣椒碎
（阿勒坡紅辣椒尤其好）

取一煎鍋，倒入橄欖油，大火熱鍋，當油開始泛光閃爍時，放進小青椒。它們會一邊爆裂，一邊發出劈啪聲，但別怕，香煎到它們渾身是焦黑痕跡，開始軟化為止。把青椒倒入一個密封保鮮盒裡，以鹽調味，擠進半顆檸檬汁，稍微甩動再蓋上蓋子（也可以用一只碗，蓋上盤子替代）保溫小青椒同步搞定太陽蛋。

快速動作：將蛋打入鍋子裡，以鹽和黑胡椒調味，同時烤麵包。烤好時，塗上厚厚一層奶油，排火腿片，疊上太陽蛋，再把小青椒散放其上之後。如果你有準備鰻魚的話就再來幾片，並撒點紅辣椒碎。

煙燻黑線鱈和韭蔥威爾斯乾酪烤麵包片

SMOKED HADDOCK & LEEK RAREBIT

我們小時候吃了不少威爾斯乾酪烤麵包片，是細雨綿綿的秋季週末最受喜愛的午餐。麵包上冒泡的乳酪，用卡宴紅辣椒粉稍調味，再淋些許伍斯特醬……你還有什麼好求的呢？這是著名經典版的即興演奏款，在混入濃烈的巧達乳酪和慢煨韭蔥前，先用鮮奶油以文火煮著煙燻黑線鱈，然後塗抹到麵包上，再炙烤至上層酥香，乳酪不停冒泡，開始焦糖化。在那些櫛瓜宣告退場的酷冷時日，土地堅硬，菜圃有一堆待辦勞務，這是我們會在早上製作的菜，能夠讓所有人有體力忙碌一整天。

6人份

· 350克無染色
  煙燻黑線鱈魚菲力

· 1片月桂葉

· 100毫升全脂鮮奶

· 150毫升雙倍乳脂鮮奶油

· 400克韭蔥（約2至3根）

· 50克無鹽奶油

· 200克上好陳年巧達乳酪

· 2小匙第戎芥末醬

· 1/2顆肉荳蔻

· 6片新鮮酸種白麵包，
  或品質好的吐司

將煙燻黑線鱈魚菲力和月桂葉放在一只鍋子裡，倒入鮮奶和雙倍乳脂鮮奶油，你或許得把魚切半，才能妥當地放進鍋子裡。以鹽和黑胡椒調味，蓋上蓋子，文火加熱至微滾，煮幾分鐘（最多5分鐘），直到黑線鱈剛好軟熟。將鍋裡的魚和奶汁，倒入另一個大碗裡。

再來，將韭蔥直切為兩半，再橫切成細片，沖洗掉所有泥沙，連著水漬放入同鍋裡，放入奶油和足量的鹽，中火加熱，蓋上鍋蓋，將韭蔥煮到軟甜。偶爾開蓋攪拌，確認沒有染上焦色，煮約10至15分鐘。此時，碗裡去掉魚皮，將魚肉戳碎，注意有無魚刺。當韭蔥煮好時，將奶油醬汁倒入拌勻，開最小的火，刨進巧達乳酪，加芥末醬和磨進肉荳蔻，不斷攪拌直到乳酪融化，試味道，視情況微調。

如果要立刻上菜，就取一烤盤鋪上烘焙紙，將麵包烤到兩面香酥，豪邁放上黑線鱈餡料，約1至2公分厚，鋪滿到邊緣，放進烤箱炙烤直到金黃冒泡，立即開吃。單吃就足夠美味，但配上一杯冰涼血腥瑪麗和爽口辛鮮沙拉更棒。

希臘版番茄燉煮四季豆

FASOLAKIA

地中海一帶，番茄燉煮四季豆有無數個版本，每個版本都有各自地區的變化。這個叫fasolakia的食譜，正是希臘的傳統版本。四季豆和大量橄欖油在番茄汁液裡慢慢煨煮，直到幻化成魔幻絲緞般口感。我經常在夏末做這道菜，為了消化菜園裡產量過剩的四季豆——它們是那種一旦開始種，產量就會多到吃不完的蔬菜。如果弄得到黃色四季豆，整體會看起來更賞心悅目。這是一道很棒的蔬食主菜，配上一大塊麵包，最後再放菲達羊奶乳酪和牛至，甚至也是烤羊肉的極好配菜。

4至6人份

· 125毫升上好橄欖油

· 1顆大洋蔥，切細丁

· 5瓣大蒜，切薄片

· 2根紅辣椒，切碎
（或一小撮紅辣椒碎）

· 幾小撮乾燥牛至
額外多備最後上菜用

· 1大匙孜然

· 2罐400克李子番茄罐頭
（或700克新鮮番茄），
粗切

· 500克蠟質馬鈴薯
切大塊

· 500克四季豆

· 200毫升水

· 80克去核卡拉瑪塔橄欖

· 1小匙細砂糖，依狀況加入

盛盤用

· 1至2兩盒菲達羊奶乳酪

· 一大塊麵包

取一只大鍋，加熱橄欖油，溫熱後放入洋蔥和一小撮鹽，炒約10分鐘，時不時攪拌，直到柔軟但不變色。接著加入大蒜、紅辣椒、牛至和孜然，續炒至香氣四溢，小心別讓大蒜染上焦色。接著放進番茄、馬鈴薯和1大撮鹽，加熱至微滾，蓋上鍋蓋，煮約15分鐘後，放進豆子，將其拌入醬汁裡，續煮20至30分鐘，直到馬鈴薯鬆軟而豆子絲滑。如果覺得鍋子快煮乾，就一點一點地加水，多數食譜都會指示讓四季豆保持脆口，但這裡不適用，豆子應該要極度柔軟，軟到你可以輕易用叉子或湯匙切斷。

煮好時熄火，拌進橄欖，鍋子上蓋靜置約15分鐘，然後試味道，視情況微調。有時一小匙糖是必要的，可以中和一下番茄的酸度，或許再多來點紅辣椒碎或鹽——慢慢把風味調到理想，不用急。趁熱上桌，配上一大塊麵包、一大塊菲達羊奶乳酪，和大量牛至，再淋上適量上好橄欖油。

菠菜瑞可達乳酪裸餡餃

SPINACH & RICOTTA GNUDI

Nuda在義大利文裡，意謂著赤裸，顧名思義，這些小東西，就是裸露的餃子餡（gnudi）。坦露的義大利餃子餡，被吹彈可破的杜蘭小麥的薄薄粉皮兜起來，無比輕盈，其特別之處就在於細緻口感。只因為它們在沾上小麥粉後，還要冷藏隔夜，所以我一直遲遲不願動手做，但真是個天大的錯誤啊！它們實在太容易上手，而且有夠好吃。很適合做為輕食午餐或簡便的晚餐，而且若搭配三顆一組，就是很棒的前菜。不過，在沾裹奶油時，得特別小心，因為它們實在嬌弱，很容易就碰凹了。

3人份輕食午餐
或6人份前菜

· 250克瑞可達乳酪
  濾出汁液

· 200克菠菜

· 1瓣大蒜

· 2大匙橄欖油

· 40克帕瑪森乳酪
  額外多備盛盤用

· 1顆無蠟檸檬

· 250克細粒杜蘭小麥粉

盛盤用

· 100克無鹽奶油

· 1小把新鮮鼠尾草，摘葉

· 1/3顆肉荳蔻

濾掉汁液的瑞可達乳酪，最適合用來做這味。市售現成的通常包裝在一個網子裡，比一般瑞可達還要乾。如果用一般款，就倒進濾網，先過濾一下子以去掉多餘水分。

洗淨菠菜，放入濾盆裡瀝乾水漬。用手掌拍擊大蒜，去膜再粗切。將大蒜放入一只大鍋，倒入適量橄欖油，中火熱鍋。慢慢爆香大蒜，染香油脂，但在大蒜變色前，放入洗淨的菠菜。以鹽調味，攪拌直到菠菜縮水，再移放到濾勺裡，靜置放涼。菠菜不燙手時，用力盡可能擠出水分，放在一條茶巾上包起來，再次扭轉擠出更多汁液出來，這個動作有沒有做會影響很大。擰乾的菠菜置於砧板，切碎。

我喜歡用食物調理機進行下個步驟，但你也可以輕鬆切碎菠菜，用打蛋器攪打瑞可達。將濾乾的瑞可達放進食物調理機，攪打到平滑，接著刨進帕瑪森乳酪和檸檬皮屑，以鹽調味，放進菠菜再次攪打，使其混和均勻。試味道，並視情況微調，確認風味鮮明出眾。然後倒進一只大碗裡，密封後，靜置冰箱冷卻，有助之後更容易揉搓成丸。

當菠菜餡冷卻後，撒一半小麥粉在小托盤上或保鮮盒裡。手稍微沾水，取一大匙餃子餡，用手掌揉搓成圓球，然後小心放在小麥粉上，反覆作業直到所有餃子餡都處理完。我的經驗是，這個量可做大約18顆丸子，雙手保持溼潤，可以避免內餡沾黏。現在把另一半的小麥粉灑在餃子餡上頭，然後輕輕搖晃內餡丸子，使其完全被覆蓋住，且深深嵌在小麥粉裡。這動作會讓粉持續吸收肉餡水分而反潮形成一層薄皮，讓丸子在烹煮時，可以完好地保持形體。成品冷藏隔夜。

　　烹煮時，先將一鍋水煮至沸騰大滾，以鹽調味，嘗起來差不多和海水一樣的鹹度才對。取另一只鍋，中火加熱，融化奶油，放進鼠尾草，煎個1分鐘，讓奶油沾染香氣，熄火。此時，將內餡丸子放進滾水裡，一浮起來後，即用漏勺撈起，連同一點煮丸子的水，放進鼠尾草奶油裡，輕輕翻拌使其裹上油脂。取裸餡餃和大量奶油盛盤，灑幾滴檸檬汁，加些許肉荳蔻及帕瑪森乳酪，立即享用。

番茄醬汁煮魚佐中東芝麻醬與香菜

FISH COOKED IN A SPICED TOMATO SAUCE with tahini & coriander

這道菜是根據一道很精彩的北非菜Chraime（編按：發音近似合埃美）發想而來。白肉魚菲力以匈牙利紅椒粉、孜然和鹽漬檸檬調味，在風味強烈的番茄醬汁裡慢慢煨煮，最後淋上中東芝麻醬和香菜——美味無敵。這樣的方式能讓魚肉吸飽番茄醬汁與其中各種溫暖的香料氣息，且入口即化，最適合即將轉換季節之際享用。鹽漬檸檬算是這道菜的關鍵食材，既增鹹鮮也添撲鼻香氣，但它相當鹹，所以調味時得謹慎。我經常以輕食晚餐單吃，倒是配上庫司庫司和口袋餅也很讚。醬汁可以預先製作，但我會把煮魚步驟，留到享用前再進行。任何白肉魚都很理想，不管是菲力或帶骨魚身皆可。（照片請看第257頁）

4人份

· 4大匙橄欖油

· 1顆洋蔥，切碎丁

· 5瓣大蒜，切薄片

· 2小匙煙燻紅椒粉

· 1小匙孜然粉（最理想
  不外乎先煸香孜然，
  再以研磨砵磨成粉）

· 1小撮紅辣椒碎
  （或幾根紅辣椒乾）

· 2大匙番茄糊

· 2罐400克李子番茄罐頭

· 1至2顆鹽漬檸檬
  視大小而定

· 4片魚菲力或魚塊
  （無鬚鱈魚、狹鱈、
  大比目魚或鱸魚等等）

· 新鮮香菜（或巴西里）
  略切，盛盤用

取一只寬鍋，加熱橄欖油，放入洋蔥和些許鹽，炒到甜軟。下蒜頭和香料，爆香一兩分鐘，再舀進番茄糊略翻炒，確認沒有焦底後，倒入番茄罐頭。以少許水沖洗罐頭裡的殘汁，再將番茄水也倒入鍋內，以木匙搗切番茄成小塊，微滾煮約10至15分鐘，直到醬汁變稠。將鹽漬檸檬切成四等份，去籽，切成小塊後，加入醬汁裡。我會建議一次先加一大匙，邊試味道，邊調整到最佳平衡的風味。之所以這麼說，是因為每個品牌的大小與風味不同，所以得試吃，才能知道最滿意的分量是多少。

再來製作中東芝麻醬，將大蒜磨進一只碗裡，擠進半顆檸檬汁，混勻後靜置5分鐘。檸檬的酸，會馴化大蒜的辛辣。倒進芝麻醬，隨著攪拌，醬汁會變得越稠硬，一次1大匙，慢慢加入冰水，持續攪拌，直到醬汁呈現流動的滑順質地。你會希望它有點稀又不會太稀。

以少許的鹽和孜然調味。試味道，視情況再下鹽或檸檬。

中東芝麻醬

· 1瓣大蒜

· 1/2顆檸檬

· 80克優質中東芝麻醬

· 5至6大匙冰水

· 些許孜然粉

調味魚菲力，排放進番茄醬汁裡，煮約5至10分鐘，視魚片厚度而定，直到熟嫩剛好。立刻盛盤，可以配溫熱的口袋餅和庫司庫司，最後再淋上芝麻醬並撒上香菜。

香煎鱒魚佐奶油薯泥與絲滑菠菜醬

PAN-FRIED TROUT with buttery mash & a velvety spinach sauce

這真是一道療癒系料理——片片分明又軟嫩細緻的鱒魚，鋪在奶香四溢的薯泥上，浮游在絲滑的菠菜水芹醬汁裡。看起來就像是在鐵達尼號上會吃的菜餚，但它簡潔，又十足優雅且極度撫慰身心。最適合雨無止境地狂下，風也毫不留情猛吹的灰撲撲十一月天。這道菜是受到傑若米·李（Jeremy Lee）主廚的啟發，同時也是出於我對菠菜濃湯的熱愛。在一個需要飽足感的冷天，冰箱裡剛好有魚菲力，爐台上有一些剩餘的薯泥……這道菜便應運而生，如今已是家菜班底。

4人份

· 4片魚菲力

· 20克細切蝦夷蔥

菠菜醬汁

· 30克無鹽奶油

· 橄欖油

· 1顆大洋蔥，切細丁

· 3瓣大蒜，切薄片

· 220至250克菠菜

· 150雙倍乳脂鮮奶油

· 80克水芹

· 1顆無蠟檸檬

薯泥

· 5顆烘焙用大馬鈴薯

· 75克鹽味奶油

· 100毫升全脂鮮奶

· 1至2小匙第戎芥末醬

先製作菠菜醬汁。將奶油連同橄欖油放入一只厚實鍋具，中火加熱，當奶油開始起泡，放入洋蔥、大蒜和適量的鹽。炒約10至15分鐘，直到軟甜但不變色。接著加入菠菜，炒煮片刻使其縮水，把鍋裡的煮料，連同雙倍乳脂鮮奶油倒入調理機，高速攪打至無比滑順。然後分批放進水芹，邊攪打邊試味，找到完美平衡。生水芹的作用像香草，能帶來鮮辛香氣。刨進一點檸檬皮屑，加進足量黑胡椒以及小撮鹽調味，再次攪打。這時醬汁稠度看起來好像在吶喊：再給我一點檸檬汁，但務必忍到上菜前再加，否則酸汁會把亮綠醬汁變成渾濁深棕色。放進冰箱冷藏。

接著製作一款簡單的薯泥。我應該不需要步步教戰，大概就是替適量的鬆綿品種的馬鈴薯去皮，切成均等大塊，放入有大量鹽調味的冷水鍋裡，加熱至沸騰，持續滾煮，如此可確保裡外煮得均勻。當煮得軟透但不散架時，瀝水靜置，任其以自身餘熱續蒸。以壓粒器搗成泥後，將泥按壓過篩，或用手搗也行。在一只小鍋裡加熱鮮奶，融化奶油，然後把鮮奶一點一點加入薯泥，直到整個質地稠度理想為止，再以芥末醬和鹽調味。

以餐巾拍乾魚菲力，撒鹽調味，然後在魚皮上塗一層薄油，以中大火加熱大煎鍋——別加熱到出煙，魚皮朝下

放入魚片，將魚朝鍋底下壓，煎到魚皮酥香——這時候應
該完全不黏鍋，可以很容易翻面。再續煎片刻，直到中間
剛好嫩熟。執行這個步驟的同時，取一小鍋加熱醬汁，確
認薯泥是熱的。上菜前，以些許檸檬汁調味菠菜。先將菠
菜醬汁舀入盤裡，放上薯泥，然後魚菲力，最後再撒些許
蝦夷蔥。

番茄咖哩

TOMATO CURRY

九月初，番茄的熟成已經超越我們大快朵頤的速度，想想我們早早在二月就種下，這也就是數個月來悉心照顧的回報。你不能讓它們掛在藤蔓上太久，不然它們會原地爆汁。所以我們總是一籃一籃採收，想當然耳，它們幾乎全面攻占我們所煮的每一道菜。

大鍋裡用大蒜和紅辣椒碎滾煮著，等待被裝瓶、密封、儲備，以做為冬天餐桌上的一抹色彩。我們烘烤、發酵，吃掉一盤又一盤的沙拉，還天天鋪在烤麵包上做早餐，但這道咖哩食譜，絕對算是最能一次解決掉巨量番茄，還能保持美味的方式。在這裡，番茄是主角——先把形形色色的整顆番茄，以橄欖油和鹽烤過，直到風味濃縮，汁液四散，再丟進噴香的椰奶咖哩中，最後和糙米飯和香菜一起吃。（照片請看第262頁）

6人份

· 5顆八角

· 10顆小荳蔻莢

· 1小尖匙孜然

· 1小尖匙芫荽籽

· 1公斤上好番茄
  各色各形混合尤佳

· 3大匙橄欖油

· 2大匙椰子油
  （或蔬菜油）

· 1大枝新鮮咖哩葉
  （新鮮最好，但若無法
  取得，以20片乾燥咖
  哩葉取代）

· 1顆大或2中洋蔥
  切細丁

· 5瓣大蒜，切薄片

· 1至2根紅辣椒
  （依你的耐辣程度而定）
  細切

有兩種方式可以煸香這道菜裡的香料，我喜歡保持其原型，這讓你在嚼入口的時候，唇齒立刻感受到香氣來襲。所以我用下述的調溫法（tempering）處理。但是，如果你並不特別偏好一口咬到整個小荳蔻莢或芫荽籽，你可以先在煎鍋裡煸香，再以研磨缽或香料研磨機磨成細粉。如果是這樣做，將小荳蔻和八角的分量減半，因為磨粉後的香氣將加倍濃郁。

以攝氏200度對流模式預熱烤箱。取一烤盤，鋪上烘焙紙，將所有番茄排放其上，淋上大量橄欖油，以鹽調味，放入烤箱，烘烤約45分鐘至1個小時。你要的是濃縮番茄的風味，並稍微焦糖化，但依然維持形狀不癱軟。

另外取一只厚實大鍋具，中火融化椰子油，開始泛油光時放入香料，炒約1分鐘，使香氣溢散，這就叫調溫法，一種爆香香料的方式，但你必須非常小心避免燒焦。大約1分鐘後，就會香氣盈鼻，這時放入咖哩葉，油煸片刻，然後放進洋蔥、大蒜、紅辣椒碎和生薑，以適量的鹽調味，拌勻。小火將洋蔥煮至軟甜，避免燒焦（約15分鐘）。

- 40克生薑，去皮切碎
- 2罐400克全脂椰奶
- 50毫升天然優格
  （或2小匙羅望子，
  如果你想做全素版本）
  可額外多備

盛盤用
- 糙米
- 新鮮香菜
- 煏香咖哩葉

此時倒入椰奶，以些許水沖洗罐內殘汁，一併加入鍋裡，小火微滾約40分鐘，直到醬汁變稠，熄火。將優格倒入碗裡，舀一勺咖哩拌勻，再將優格倒回咖哩中，這讓優格適應高溫，避免倒入咖哩時導致凝結，這時最好試個味道，視情況微調。

將番茄加入咖哩，小心混拌不致弄破番茄，再次試味道，如果想要酸一些，就再加點優格；要辣一些，就加些紅辣椒碎。趁熱享用。我認為這一味和糙米飯，加一大把香菜，特別速配，如果要賣相華麗誘人人，就再加碼煏香咖哩葉。

番 茄 迷 迭 香 佛 卡 夏

TOMATO & ROSEMARY FOCACCIA

我第一天到 Noble Rot 上工時,他們教我做麵包和奶油,那可是餐廳名震江湖的麵包盤菜式,所以可以說責任重大。菜盤上的巨星是彈牙鬆軟的迷迭香洋蔥佛卡夏,配上濃郁的糖蜜蘇打麵包,和康百士德農場出爐的酸麵包,用法式酸奶油打製的鹹奶油。我過去從沒做過麵包和奶油,這個學習令我興奮不已。

從那天起,在餐廳任職的一整年,我每天做兩批佛卡夏和蘇打麵包,估計大概做了上千條吧!雖然已經離開餐廳七年了,但依然持續做著佛卡夏。與現在一些耗時三天製作的佛卡夏食譜相較,這真的是個一點也不複雜的好食譜。橄欖油帶來濃香,邊緣烤得香酥,鬆發的中心帶有微甜,和不容忽視的鹹度,非常適合拿來蘸浸後食用。

在餐廳的時候,我們通常會附上西班牙烤紅椒堅果醬和布拉塔乳酪,或鱈魚卵和溏心蛋。但秋天時,我特別愛放上一把櫻桃小番茄同烤,再配上自製青醬,打發瑞可達乳酪和簡單番茄沙拉。

可製作 1 塊佛卡夏

· 500毫升水

· 1包速發乾酵母
（或40克新鮮酵母）

· 30克細砂糖

· 700克高筋麵粉

· 20克海鹽
額外多備最後裝飾用

· 大量橄欖油

· 300克
不同品種櫻桃小番茄

· 幾根新鮮迷迭香

· 茴香籽（可省略）

你可以選擇當日準備即烘烤佛卡夏,或者前一晚準備好麵團,慢慢發酵一整晚,隔天早上剛好送進烤箱。

將水倒入桌上型攪拌機的盆子裡,放入酵母和糖攪拌一番,接著倒麵粉,再放鹽。攪拌機使用麵團勾,中速攪拌約10分鐘,直到麵團有彈性並發出光澤。你當然也可以在攪拌盆裡用手揉進行這個步驟。取下攪拌盆,倒入些許橄欖油,從盆緣分離麵團,以保鮮膜或是溼布巾蓋上盆口,靜置使其發酵至兩倍大,你可以放在廚房溫暖角落進行發酵,稍候直接烘烤,或是冰箱放隔夜進行低溫發酵。

麵團發酵到兩倍大時,在一只35公分長、30公分寬、5公分深烤盆裡倒入適量橄欖油。這款麵包幾乎是算油炸而成,所以用的油會比你認為更多。擠出麵團裡的氣泡,倒入烤盤裡,用手指將麵團攤平,小心不要撕裂麵團,然後靜置在溫暖處進行二次發酵,直到麵團填滿烤盤,顯得鬆發有彈性。

打發瑞可達乳酪

· 2罐瑞可達乳酪
　共500克

· 1顆無蠟檸檬

盛盤用

· 一道簡單的番茄沙拉

· 自製青醬
　（請見第308頁）

以攝氏240度對流模式預熱烤箱。準備好烘烤時，將櫻桃小番茄剖半，小心鋪排在膨發的麵團上，試著不讓麵團消泡。接著綴上迷迭香，淋上更多橄欖油，撒些海鹽和茴香籽（如果有準備的話）。放進烤箱，烤約15分鐘，降溫到攝氏200度對流模式，續烤20至30分鐘。你的目標是整塊烤得焦香美麗的麵包，中途可能要調整一下烤盤方向，使其烘烤更均勻，也得小心避免烤焦。烤好時，從烤箱取出，脫盤，靜置在鐵架上放涼。

再來製作打發瑞可達乳酪，將兩罐瑞可達乳酪倒入大碗裡，刨進磨進檸檬皮屑，擠進半顆檸檬汁，以足量鹽調味，攪打至質地絲滑。

佛卡夏配上打發的瑞可達乳酪，一道簡單的番茄沙拉佐些許自製青醬，一起盛盤上桌。

馬鈴薯義式培根塔雷吉歐乳酪派

POTATO, PANCETTA & TALEGGIO GALETTE

想像一下法式馬鈴薯千層派和培根焗烤馬鈴薯有愛的結晶，沒將內餡包裹住的外型像一個酥塔——這款自由度很大的派點就是那種感覺了。薄切馬鈴薯、法式酸奶油、百里香和大蒜，與義式培根和塔雷吉歐乳酪，堆疊在一塊酥到掉渣的派皮上。送進烤箱裡慢烤至乳酪和培根融化，和鬆軟馬鈴薯大融合。配上一道脆口的鮮辛沙拉，趁熱享用，當你們所有人一起開動時，相信會有一陣欽佩不已的靜默。很難得地，它也是一道冷食也美味的派，所以如果你們家人不多，還是做個完整的派，剩下的可以和我們一樣，充做隔日早餐。（照片請看第271頁）

6人份

· 800克蠟質馬鈴薯

· 2顆大洋蔥，切細絲

· 50克奶油

· 2大匙橄欖油

· 1瓣大蒜，磨泥

· 3大匙法式酸奶油

· 1把新鮮百里香，取葉

· 1份自由式酥皮
（請見第311頁）

· 150至200克
塔雷吉歐乳酪，切薄片

· 150克義式培根，切薄片

· 1顆蛋，打散

· 1小匙茴香籽

· 海鹽

馬鈴薯去皮，用曼陀林切片機，片成超薄片。放進濾盆裡，在水槽以水沖掉多餘澱粉，然後靜置瀝乾。

將洋蔥、奶油和一半橄欖油放進鍋內，中火熱鍋，以鹽調味，慢慢煮至洋蔥軟甜，但小心不要燒焦變色，約莫15分鐘可完成，置旁放涼備用。

馬鈴薯瀝乾後，連同洋蔥、大蒜、法式酸奶油、百里香，和剩餘橄欖油、鹽和黑胡椒，全放進一只大碗，用手拌勻，將所有片狀物分開排放，確保法式酸奶油滲進每一面。

以攝氏200度對流模式預熱烤箱。

取一張烘焙紙，上頭撒點手粉防沾黏，擀開派皮。你需要一個大圓碟形，大約4至5毫米厚的派皮，擀派皮的訣竅在於，一邊擀一邊繞圓旋轉，並朝著你的反方向擀出去。如果只是以擀麵棍來回擀動，最後中間會擀得太薄。接著小心把烘焙紙和派皮，拖到足夠大的烤盤上。派皮圓周留下大約6至8公分，稍候能向內折的。開始工整排上馬鈴薯拌料，一旦有了平整的一層，接著放大約四分之一的塔雷吉歐乳酪和培根，接著再鋪一層馬

鈴薯，然後重覆堆疊，直到差不多用完馬鈴薯，確認一切
都緊密黏合，上層平整，最後再鋪上幾片塔雷吉歐乳酪。
預留的邊緣派皮向內折，用手指將皺折處捏合，確保派皮
保持完美。派皮內折處刷上蛋液，撒上茴香籽和海鹽。

　　送進烤箱，烤約10分鐘後，烤箱降溫至攝氏180度對
流模式，續烤50至60分鐘，直到能以刀戳入馬鈴薯時，感
覺柔軟。取出，放涼約5分鐘，切片享用。你應該會很希望
配有著菊苣、小寶石萵苣、蘋果醋、橄欖油等元素的鮮辛
綠葉沙拉，可以解膩並平衡濃郁的鹹派。

瑞可達雞肉丸子米粒麵湯佐法式酸奶油與蒔蘿

CHICKEN & RICOTTA MEATBALLS IN BROTH with orzo, crème fraîche & dill

每當預告陰暗冬季即將來臨的沉鬱秋日時分，我自己會很渴望來一碗喝來舒暢的雞湯。我們做過不少版本，家裡的爐台上如果沒有一鍋湯在文火滾煮著，還真是稀奇呢！有時我會放大把蔬菜，和一隻全雞下去滾煮，然後拆下雞肉，丟回高湯裡，再放點蒜泥蛋黃醬。我媽總會做一道，以雞肉湯和大量龍嵩攪打一起的滋養濃湯，能有效對抗流感。而這裡，則是至愛的經典，額外添加了一些美妙的肉丸子，有著檸檬清香和瑞可達的濃郁。吃起來質地尤其細緻，同時無比多汁且輕盈。

6人份

肉丸

· 6塊去皮去骨雞大腿

· 120克新鮮麵包炸粉

· 150克瑞可達乳酪

· 1顆蛋黃

· 1大把新鮮龍嵩
（15至20克）切細

· 1顆無蠟檸檬刨下的皮屑

· 10克海鹽片和現磨黑胡椒

· 橄欖油，油煎用

高湯

· 1顆大洋蔥，切細丁

· 3根西洋芹，切細片

· 3根紅蘿蔔，剖半後切細片

· 1.7公升一流雞高湯
（請看第306頁）

· 250克米粒麵

· 20克新鮮蒔蘿，切碎

· 20克新鮮巴西里，切碎

· 法式酸奶油，盛盤用

先製作肉丸子，粗切雞腿肉，放入食物調理機攪打成肉泥，加入除了橄欖油以外的所有肉丸食材，再次攪打混勻。取一小團揉成小肉塊，用一只厚實大鍋具，以橄欖油，煎至兩面金黃，大概只要兩三分鐘，取出放涼，然後品嘗。這主要是給你一個概念去調整肉丸子的風味。完成最後調味，將所有肉餡，揉搓成小丸子。分批煎至通身金黃，小心避免把煎鍋塞得太滿，必要時再下點油。將肉丸子放在一個大餐盤或托盤上，接下來準備料理蔬菜。

用鍋子裡煎雞肉丸子釋出的油脂炒洋蔥，加鹽調味，炒到洋蔥軟甜，大約10至12分鐘，留意別燒焦。放入西洋芹和紅蘿蔔，續炒幾分鐘後，倒入高湯，蓋上鍋蓋，小火滾煮約10至15分鐘。直到蔬菜柔軟，放進肉丸和米粒麵，再煮6至8分鐘，直到麵達到彈牙口感。試味，拌入香草，舀入溫熱的湯碗，放一勺法式酸奶油，趁熱享用。

強大的龍蒿烤全雞

EPIC TARRAGON ROAST CHICKEN

這本書裡有些食譜，因為非常有意思而深得我心；有些則是愛上它們的極致簡單；還有一些是我會一做再做的配方，而這道就屬於後者。這道超讚的烤雞料理，可是家常烹調的核心，兼具生活裡一種最美好的享受。我珍視這樣的日常儀式，家人爭奪雞翅與犒賞下廚者的珍貴部位「雞牡蠣」，剩料做成的三明治及滾煮的高湯。沒有哪一道菜，比這一味更讓我有家的感覺。在我心底，美味全雞有三個要件：多汁雞肉、金黃香酥雞皮，以及最重要的——大量雞汁，而也就是雞汁，讓這道烤雞與眾不同。當一大把龍蒿、一些鮮奶油和適量芥末醬，和著煮汁、大蒜和白酒合體時，就成就出無敵強大的口口美味。

5人份

· 1隻有機全雞
· 3大匙橄欖油
· 1整顆蒜頭
· 250毫升雙倍乳脂鮮奶油
· 1把20克新鮮龍蒿
　去莖，粗切
· 1大尖匙第戎芥末醬
· 1杯不甜白酒

以攝氏220度對流模式預熱烤箱。

先以蝴蝶片法處理全雞，去脊並攤平全雞。先將雞翻面，以刀從雞屁股到脖子沿著脊椎一側剪開，再翻面，把雞的兩邊攤開，用力壓扁。你的肉販會很樂意代勞這個工作。將全雞放在一只深底的大烤盤，兩面豪邁地以鹽調味，室溫靜置1個小時左右退冰。

時間到後，雞皮上大方澆淋橄欖油，並仔細地塗抹在雞的每一寸皮面上。用力拍碎整顆大蒜，將蒜瓣藏在雞皮下，入烤箱烤約20至30分鐘。利用空檔，將雙倍乳脂鮮奶油、龍蒿和芥末放入碗裡拌勻，以鹽和黑胡椒調味。約莫20至30分鐘直到雞皮開始轉成金黃色澤後，將烤箱降至攝氏140度對流模式，取出烤雞。倒1大杯白酒進烤盤，再把龍蒿鮮奶油淋在全雞上，放回烤箱，續烤約30至40分鐘，直到烤熟。判斷熟度時，我會用溫度探針刺入最厚的大腿部位，溫度應該要落在攝氏65至70度。如果你沒有探針，就用烤肉木籤替代，刺入時，若流出的汁液清澈，表示已熟。這時，將烤雞取出烤箱，靜置約15分鐘，用鋁箔紙虛蓋上，直接在烤盤裡大卸八塊，隨喜盛盤，大量醬汁、蒜瓣，再配一份清鮮綠葉沙拉開吃。

炙烤香草羊肉串佐漬紅椒和大蒜醬

LAMB GRILLED ON HERB SKEWERS with marinated red peppers & garlic sauce

在明火上烤羊肉是一大享受。看著肉焦糖化，油脂感染了滋味，滴落在下方的炭火餘燼，散放出陣陣撲鼻香氣，這一切都帶來極大的愉悅。這道食譜裡的羊肉，先以香料醃漬過，才串在迷迭香和月桂葉的細枝上。一邊被塗刷上奶油，一邊在炭火上溫柔烤就，香草因為高溫而出煙，從內裡染香了肉塊。配上烤軟且散發著煙燻味的去皮甜椒，並以大蒜、醋和酸豆漬過。最後撒上新鮮羅勒，再用溫熱的佛卡夏，把殘汁吃乾抹淨。

4人份

· 2整顆蒜頭
· 300毫升全脂鮮奶
· 橄欖油
· 500克羊里肌
· 1大匙孜然粉
· 1小匙煙燻紅椒粉
· 1小匙阿勒坡紅辣椒
· 一些月桂葉和迷迭香細枝
　（一般烤肉用串叉也可以）
· 些許奶油
· 1小把新鮮羅勒

漬甜椒

· 12顆甜椒（紅黃甜椒混合，
　加上皮奎洛甜紅椒，如果
　買得到）
· 1瓣大蒜
· 2大匙雪利或輕巴薩米克醋
· 3大匙上好橄欖油
· 2大匙酸豆
· 1盒鹽漬鯷魚
　瀝乾並粗撕（可省略）

先製作大蒜醬。將兩整顆蒜頭去皮除膜，我通常會放進碗裡，以滾水淹沒，泡1分鐘取出，這時外膜應該可以很輕易剝除。將大蒜放進小鍋，倒入鮮奶蓋過蒜瓣，以少許鹽調味，低溫慢煮，小心別讓鮮奶黏住鍋底。煮到大蒜的辣勁緩和約需5至10分鐘，完成時，看是要用手持式攪拌棒在鍋裡直接攪打，或是倒入高速調理機，攪打到完全滑順。倒入2至3大匙橄欖油，幫助稠化醬汁並增添風味，試味道，視情況微調。

將羊肉切成適口大小，放入一只碗裡，以鹽調味，倒入香料混拌均勻，靜置醃漬約30分鐘。再來製作肉串，如果你夠幸運，庭院裡就種有月桂葉樹和迷迭香，就剪下6至8根較牢固的細枝，除了頂端的幾片，摘下全數葉子，留起來做他用。細枝末端以刀削尖，再把肉串上去；如果你沒有香草枝，當然可以用一般烤肉用串籤。趁羊肉醃入味的同時，以適量木炭升火，一開始的火力烤羊肉可能太強，但可以用來炙烤甜椒。

你得把甜椒外皮烤到焦黑起水泡，果肉癱軟。最理想的是以烤肉用的熱炭料理，但你也可以直接在爐台上用瓦斯爐火燒烤，或是以烤箱炙烤功能處理。烤到甜椒開始軟化坍塌，邊烤邊轉動，整個外皮烤焦

後，就放入大盆子裡，以保鮮膜或餐盤上蓋密封，利用本身的熱氣繼續蒸煮讓皮肉分離，之後便很容易剝除。靜置約20分鐘，然後去掉甜椒薄皮、綠蒂和籽。最後，你會有一大盆烤得甜美焦香的甜椒，附贈盆底一灘甜汁。把這些汁液視為沙拉醬汁的起點，磨進蒜泥，倒醋並以鹽調味，再把醬汁倒在烤甜椒上，淋橄欖油拌勻，加進酸豆和鯷魚（如果有的話），置旁醃漬，正好可利用這時間處理羊肉。

這時，炭火應該減弱不少，注意觀察爐火，必要時添點木炭，但羊肉不太需要太強的火力。將香草肉串放到烤架上，先不予理會，它們應該會慢慢發出嘶嘶聲並染上焦色。一旦一面上色之後，翻面再烤另一邊。這時，不妨趁勢在羊肉上刷點奶油，但要小心拿捏，過多油滴入炭火可是會助燃，然而，只要一點奶油會讓羊肉滋味更豐美。當肉差不多焦糖化，觸感仍有彈性且柔軟的時候，便可從烤架上移開，一旁靜置幾分鐘。盛盤時，放上烤甜椒和一勺大蒜醬，再疊上羊肉串，撒大把羅勒。

慢烤酥皮豬五花

SLOW-ROAST CRISPY PORK BELLY

慢烤而成的酥皮豬五花是唇齒間極致美味的享受。滋味豐腴，加上入口即化的質地，和咔滋脆口外皮，真的是極出色的烤物。這裡分享如何讓豬五花肉多汁皮酥香的技巧——你得從前一夜動手，也就是一整夜在冰箱裡風乾的過程，方能獲得天堂般的鹹鮮酥脆。

豬五花之所以是慢烤料理最佳部位，是因為其脂肉相間的層次，在烘烤的過程中，慢慢融化，讓肉能保持難以置信的多汁軟嫩。底下鋪排的蔬菜會吸飽香美豬汁，同時也讓肉塊染上自身的香氣。這道食譜裡，我混用了烹煮用酸蘋果、百里香和洋蔥，它們在豬油裡融化並烤得焦香，貢獻出能中和肥腴肉塊的微酸質樸醬汁。我特別喜歡搭配一大勺第戎芥末薯泥，和檸香紫色椰菜花，但你也可隨意配上喜愛的副菜喔！（照片請看第281頁）

6人份

· 1.5公斤帶皮豬五花肉
· 2至3顆烹調用蘋果
· 3顆大洋蔥
· 幾根新鮮百里香
· 1杯蘋果酒或白酒

醃料

· 1又1/2小匙海鹽
· 1大匙茴香
· 1大匙乾燥牛至
· 1大匙乾燥百里香

水槽裡放進一組鐵架，五花肉置其上。茶壺裡煮滾一壺水淋上豬皮，這可以燙洗並緊緻豬皮質地，有助曼妙脆皮的形成。以茶巾擦乾豬五花，用一把小刀或同樣銳利的削皮刀或剃刀，在豬皮的兩端之間，以1公分間隔直線劃切，千萬不要嘗試劃斜線，因為會讓最後切割肉塊時，酥皮破裂。這個步驟主要是以直線切割皮層，但不深入肉塊，否則肉汁將在烘烤過程中流洩四散，脆皮效果將毀於一旦。不過，切割豬皮而不傷及肉塊這動作，卻是出乎意料地棘手，所以慢慢來就好。你也可以拜託肉販代勞。

用研磨砵將醃料食材粗磨幾下，把這些香料塗抹在豬皮之外的三面，塗好後確認豬皮是乾燥的，並放入一個大餐盤或托盤。送進冰箱冷藏隔夜，記得留下讓肉塊呼吸的空間。這會在隔日烘烤前，先讓豬皮失水變乾。

第二天，將五花肉從冰箱取出，以攝氏240度對流模式預熱烤箱——基本上，就是盡可能以最高溫預熱。將五花肉放上鋪有烘焙紙的烤盤，在以足量海鹽調味前，再次擦拭豬皮，你得把鹽按摩進刀割的縫隙刻痕裡，將烤盤放

在烤箱中間的烤架上，烘烤約45至60分鐘，直到豬皮酥脆膨起，但記得留意烘烤進度，必要時調整移動烤盤，確保不燒焦。取出烤盤，烤箱降溫至攝氏160度對流模式。

蘋果去皮，切成四等份，去核。洋蔥切半，剝去皮膜，繼續分切成四或八塊。拿起五花肉，將蘋果、洋蔥和百里香，平均鋪排於烤盤上，確實調味並和汁液拌勻，倒入蘋果酒。再將五花肉置於蔬菜上，放進烤箱，以攝氏160度對流模式烤約2.5小時，屆時豬肉應該無敵柔軟，豬皮酥香，蘋果和洋蔥軟爛入味。

關掉烤箱，打開門，讓五花肉在餘溫裡休息15分鐘，利用這個空檔加熱副菜。取出五花肉，切成厚片，和足量美味蘋果和洋蔥配食。

AUTUMN

煨李子佐打發優格、薄荷及燕麥穀類脆片

STEWED PLUMS, WHIPPED YOGHURT, MINT & GRANOLA

時序一到九月，菜圃旁的李樹總是結實纍纍，枝幹像是負重過度、曲線繃緊彷彿快散架邊緣的曬衣繩。這棵嬌小的李子樹，為何年年產量如此驚人，總讓我百思不得其解。時不時，會有枝幹因承受不住果子重量而折斷。我們搖搖晃晃地站在東倒西歪的梯子上，一邊和黃蜂搏鬥，一邊一籃一籃地採收，最後做成果醬、琴酒、酸甜蘸醬調料等各式各樣製品。

這裡分享的是我特別喜歡的作法，當早餐吃很理想，陽光普照九月午後享用也一樣讚。將優格和打發鮮奶油及蜂蜜混拌這個點子，是受到甜點師妮可拉・蘭恩（Nicola Lamb）的啟發，這超棒的味覺轉折，質地更輕盈，口感更優雅，但我時常用中東脫乳清優格取代。

6人份

· 80克燕麥穀類脆片
　或開心果
· 30克奶油
· 6至10顆李子，
　數量視大小而定，
　剖半去核
· 20克金黃細砂糖
· 60毫升馬德拉酒、
　白蘭地或甜雪利酒
· 280克雙倍乳脂鮮奶油
· 1至2大匙液態蜂蜜
· 350克天然優格
· 幾株新鮮薄荷

以攝氏160度對流模式預熱烤箱。如果使用的是開心果，將堅果倒入托盤或烤箱適用的烤盤上，烘烤大約10至15分鐘，直到香脆不焦。記得定時吧！我老是會忘記。

取一大寬煎鍋，中火加熱，放入奶油。當奶油起泡，搖動旋晃一下鍋具，然後放入切成兩半的李子，切面朝下。最好能把李子鋪滿鍋具，撒糖慢煎使其出汁，再倒入馬德拉酒。一段時間後，濃稠美味的醬汁就應運而生。在李子煮太軟之前，翻轉續煮另一面。最理想的狀況是能煮製出漂亮的醬汁，同時李子口感柔軟甜美，形狀不變。所以避免煮過久，如果醬汁太稠，就灑點水。食用時，大概需要每人一匙的量。

烹煮李子的同時，將雙倍乳脂鮮奶油倒入大盆裡，攪打至輕盈豐腴，但仍具流動質地。完美打發鮮奶油是一種藝術，打到足以呈現奢華的質地，但又不至於過度到僵硬不動。差不多的時候，倒入一點蜂蜜和優格，試味道，想加可以再加，但千萬別過頭。

最後，壓碎烤香的開心果（如果偏好的話），粗切薄荷葉。舀一大勺鮮奶油到一只碗裡，中間挖個坑，放兩三塊李子和一匙醬汁進去，最後再撒上燕麥穀類脆片或開心果碎，以及薄荷。

許多步驟可以提前製作，李子只要不煮得太熟軟，之後就能放心加熱，不怕煮過頭。但是如果放太久的話，優格裡的活性成分，將會開始作用，所以我會建議差不多要吃的時候，再打發鮮奶油即可。

波 紋 莓 果 法 式 百 匯

RIPPLED BERRY PARFAIT

類似於義式凍糕（請看第161頁），法式百匯（parfait）也是冷凍慕斯的一種，質地迷人，差不多介於冰淇淋和棉花糖之間。但較之義式凍糕仰賴打發蛋白來製造空氣感，法式百匯用一種叫炸彈麵糊（pâte à bombe）的技巧，將空氣打入蛋黃裡。

這個法式百匯最棒的地方在於，你可以全年使用不同季節水果製作。這款用了野生黑莓和我們自家產的桑椹，但黑醋栗也非常好，接骨木莓、覆盆子、達姆森李子、蜜桃，甚至酸櫻桃都很讚。不管用什麼水果，關鍵是煮到濃稠，像果醬如糖漿般的質地，才能確保冷凍後不會結晶。

8至10人份

· 5顆蛋黃

· 20毫升水

· 30毫升蜂蜜

· 75克細砂糖

· 350雙倍乳脂鮮奶油

· 1小匙香草精

糖煮水果

· 300克莓果（請看前言）

· 150克細砂糖

· 1至2顆檸檬
（數量視水果酸度而定）

首先在25公分長、10公分寬的陶皿或烤模上，鋪上二至三層的保鮮膜，邊緣留下足夠的懸垂部分，以利之後脫模，再來製作糖煮水果。將莓果和糖放入醬汁鍋，中火加熱，煮至糖全數融化，莓果釋出醬汁。繼續小火滾煮，直到醬汁濃稠，呈現糖漿質地，如果能確認溫度到達攝氏103度更為理想，這證明已煮掉多餘汁水，可以避免冷凍時產生結晶。完成時離火，加入些許檸檬汁，混合後試味道，這裡希望的是甜中帶著銳利的酸度，所以如果有需要達到更好的平衡，就再多加點檸檬汁。我喜歡丁塊的質地，但你可以依喜好調整口感粗細，進行接下來的步驟前，先讓糖煮水果放涼。

接著，有趣的部分來了。我喜歡用桌上型攪拌機進行這個步驟，但你也可以用手持攪拌器來執行。將蛋黃放進攪拌機的盆子裡。將水、蜂蜜和細砂糖，倒入一只小鍋具，大火加熱至滾，將糖漿煮到攝氏118度，這意謂水分已經全數蒸發。當糖漿處於沸騰狀態時，啟動攪拌機，攪打蛋黃直到色淡鬆發，當糖漿一到攝氏118即降低攪拌機的速度（你可不想熱糖漿噴到眼睛裡，我經歷過，一點也不好玩）。在機器徐徐攪動的狀態，將糖漿沿著攪拌盆邊

緣慢慢倒入。完全倒入時，加速攪拌，攪打直到盆底的觸感是涼的，蛋黃濃稠亮澤，呈現淡焦糖色，大約需要6分鐘。這個技巧就叫炸彈麵糊，是各種慕斯食譜的起點。

　　當機器還在運轉時，將雙倍乳脂鮮奶油倒入另一只碗裡，加入香草精攪打混拌，你要的完美的打發鮮奶油質地可是平滑輕盈。小心別打發過頭，如果太硬實，將會很難混入蛋黃甜液，所以目標鎖定輕盈有空氣感，同時結構又鬆散。最好用手打發，更能感覺到質地的變化，用來回W型，而非圓形的律動攪拌。當鮮奶油大功告成時，蛋黃甜液也應該完成了，將三分之一的蛋黃甜液加入鮮奶油裡，用手輕柔拌入，盡可能保住最多的氣泡，接著再拌入三分之一，最後混入剩餘的汁液。現在，小心翼翼地拌進糖煮水果，留下好看的暗色紋路，勿攪拌過度，但確定混拌均勻，溫柔地將莓果混合物倒入準備好的盤皿裡，蓋上邊緣懸垂的保鮮膜，立刻放入冷凍庫凍藏，直到堅實定型。你要的是完全結凍，但又不會硬如堅石。如果太硬，切厚片後，放盤裡靜置片刻，直到質地理想。

　　準備享用時，掀開上層的保鮮膜，在陶皿上蓋一塊砧板，快速翻轉，只要小力輕敲盤皿，就能輕鬆脫模，但如果不成功，就抓住保鮮膜將其拉出。迅速切片盛盤，這點心美味異常，但融化一瞬間，所以要將剩餘包妥，速放回冷凍，未來擇日享用。

法 式 達 姆 森 李 子 杏 仁 塔

DAMSON FRANGIPANE TART

優秀的法式杏仁塔，是眾多食譜裡極實用的一道，差不多和奶酥一樣，是能全年享受季節水果的絕佳方式之一。提前一天製作這道漂亮的甜點，端出來時能款待眾人，不管是晚餐派對或活動，都很合適。我在這裡用的是達姆森李子，因為目前花園正盛產，但是你可以以這個食譜做為基礎配方，用任何你喜歡的水果替代。大黃在冬天很理想，春天則是杏桃和醋栗，夏天可以用覆盆子、黑醋栗和櫻桃，李子、梨子和蘋果為秋天代表，就算在深冬的一月，也可以用黑巧克力和柑橘果醬製作。

在餐廳任職之前，我並不常自製糕點，所以我完全理解你會傾向買現成的心情。可是一旦學會了技巧，其實真的非常簡單。（照片請看第291頁）

8人份

奶油酥皮

· 200克中筋麵粉

· 100克冰涼無鹽奶油，切丁

· 1小杯冰水

法式杏仁塔

· 250克去皮杏仁粒

· 250克室溫軟化無鹽奶油

· 200克細砂糖

· 1顆無蠟檸檬刨下的皮屑
  （或橘子，視水果而定）

· 2顆蛋

· 2大匙自發性麵粉（可省略）

· 500克達姆森李子，去核

盛盤用

· 雙倍乳脂鮮奶油
  或法式酸奶油

用第309頁的食譜製作奶油酥皮。酥皮冷卻時，製作杏仁塔。將去皮杏仁放進食物調理機（做完酥皮不必清洗），攪打成細屑，再倒入一只碗裡，接著將奶油、糖和檸檬皮屑，放進食物調理機，攪打至奶油色淡，質地鬆發。在食物調理機運轉的狀態下，將蛋打散，再徐徐倒入有打發奶油的食物調理機裡，如果操之過急，可能會導致凝結。我喜歡在這時候加入兩大匙自發性麵粉，這可以讓質地輕盈些許，再把杏仁屑加入，啟動攪拌，把杏仁粉團刮入一只碗裡，趁盲烤酥皮時，放進冰箱冷卻。

以攝氏170度對流模式預熱烤箱。在工作枱上撒手粉，將酥皮擀成3毫米厚，移放到一只底盤可拆卸，有波浪邊緣的塔盤裡，輕輕把酥皮壓進塔盤，盤緣留下懸垂，以叉子在酥皮上隨機戳出孔洞，放入冰箱冷卻20分鐘。再以烘焙紙鋪在酥皮上，填滿盲烤用焗豆。將塔盤放進一只大烤盤上，烤約15至20分鐘，直到酥皮硬實，取出焗豆和烘焙紙，再送進烤箱續烤10分鐘，直到金黃香酥。用鋸齒刀切除多餘的懸垂酥皮。將杏仁粉團填入

酥皮裡，上頭排上李子（可能會有剩餘，但請記得，你希望口口都能吃到李子，所以盡情鋪放無妨），輕輕將李子壓入杏仁餡。放入烤箱，立刻將烤箱降溫至攝氏160度對流模式，烤約1小時又10分鐘，直到杏仁塔色澤金黃且定型，從烤箱取出，靜置在塔盤裡15分鐘，再分切，搭配雙倍乳脂鮮奶油或法式酸奶油一起吃。

黑巧克力燕麥榛果餅乾

DARK CHOCOLATE, OAT & HAZELNUT COOKIES

關於餅乾，能說的就是那些，但我確實知道的一件事是：烘烤時所散發出天堂般的香氣，真的很難抗拒。這款算是大人口味的食譜，不太甜，含有大量黑巧克力，且帶著燕麥和烤榛果相當的鹹味底韻。我喜歡剛出爐還熱呼呼的時候，撒上些許海鹽到流心黑巧克力上，但是冷卻之後的宜人香脆口感一樣美味。這個食譜最讓人開心的是，一旦混拌好餅乾麵團，可以裝在盒子冷凍起來，隨時想吃就能取出立刻烘烤。

可製14片餅乾

- 60克去皮榛果
- 150克無鹽奶油
  室溫放軟
- 120克細紅糖
- 60克細砂糖
- 1顆蛋，打散
- 1小匙香草精
- 1/2小匙海鹽片
- 40克燕麥
- 180克自發性麵粉
- 125克黑巧克力
  70%可可含量

以攝氏180度對流模式預熱烤箱。將榛果放在烤盤上，入烤箱烤約10分鐘，直到微染金黃色澤，並且散發迷人堅果香氣。取出置旁放涼，接著略捶敲成小塊，敲打時避免過於細碎。然後攪打奶油和兩種糖，我會用桌上型攪拌機的平板攪拌棒執行，但一只深盆與手持攪拌器也能勝任。重點是糖要帶入大量空氣，奶油顏色變得淺淡，質地鬆發，但小心勿攪打奶油過頭，因為那會對餅乾造成負面影響，這步驟至多不超過2至3分鐘，記得刮下盆子上的沾黏，以確保糖完全混拌均勻。

取一只小碗，攪打雞蛋和香草精，然後在攪拌機運作的狀態下，一點一點將蛋液倒入奶油裡，直到完全混合。關掉攪拌機，放鹽、燕麥和麵粉，再開機，續拌成一均勻粉團，期間記得時不時停機，刮下盆壁沾黏。巧克力還在包裝袋裡時，拿好在手裡用力朝工作枱甩打幾次，先拍裂，再倒於砧板上，以利刀切塊。接著把榛果和巧克力混進餅乾麵團，以刮刀均勻拌入。

將麵團分別揉成60顆圓球，排入保鮮盒裡，如果必須堆疊，每層以烘焙紙隔開，再置於冷凍保存。我都是這樣裝盒，每次想吃就烤一兩塊，因為我偏好餅乾剛出爐時鬆軟且流心的質地。將麵團球置於鋪有烘焙紙的烤盤上，以攝氏

180度對流模式預熱烤箱，烤13至15分鐘，時間拿捏要看
你喜歡中間稍軟黏，或是比較酥脆的餅乾口感。從烤箱
取出，置旁約5分鐘，使其慢慢定型，撒上些許海鹽片後
享用。

無花果葉李子果醬

PLUM & FIG LEAF JAM

真的很有意思，我其實並不常吃果醬，比較屬於早餐要吃蛋料理那一派，但我超愛做果醬。我們的雞舍旁有一間儲物室，裡頭住著成千上百隻蜘蛛，還有滿溢到天花板一櫃一櫃的果醬、柑橘果醬、蜂蜜、酸甜沾醬調味料和風味酒。

熬製果醬這件事，有種難以言說的靜定祥和，藉由滾煮一大鍋，由滿是果漬的雙手採收回來，一籃又一籃野莓果與砂糖，也和季節產生了連結。我製作過的果醬中，這一款堪稱最頂尖。自從搬到多塞特郡，拜這裡有棵產量豐沛的李子樹之賜，我年年都會熬製。因李子果肉煮後會軟塌成一片泥醬質地，加上令人心喜的酸味及鮮明的顏色，故不管有沒有無花果葉，李子都能做出很棒的果醬。但若有無花果的加持，確實十分特別。它們散發出一種花香，幾近奶油和杏仁的香氣，和李子簡直是天作之合。

關於糖的提點：我製作果醬時，多半遵循1公斤水果兌350至500克果膠或果醬糖的比例。比起傳統果醬配方，這糖量不及一半，我覺得這更能品嘗出水果的風味。不過這麼做的關鍵在於，得用添加果膠的果醬糖來幫助果醬凝固，你可以以此做為基礎比例，熬煮手上不同季節的果物。以達姆森李子來說，它極酸，必須用足500克的糖；但若是蜜桃、無花果、李子等甜度稍高的水果，350克應該足夠。

果醬是很適合實驗變化的製品，不妨試試加入幾枚小荳蔻莢、八角、無花果葉（如右頁配方）、混合莓果和水果、不同柑橘及其皮屑，甚至堅果也行。像料理鹹食一樣，以輕鬆的心情看待果醬，然後透過試味道微調出平衡的滋味。想多加點檸檬汁，就加吧；想多點糖，一切隨喜。

糖是果醬品質保存極重要的角色，因為我減量不少，你得確實清洗消毒瓶蓋，才能確保長期封存不腐壞。一旦開瓶，就得注意是否有黴菌入侵，有的話就挖除，再將果醬移存冰箱。（照片請看第296頁）

大約可製10瓶果醬

· 2公斤維多利亞李子
  去核,切成四塊

· 2片無花果葉

· 300毫升水

· 700克果膠或果醬糖

· 2顆檸檬

　　將李子、無花果葉和水放進厚實大鍋具,加熱至微滾,煮約15分鐘,直到果皮和果肉軟化,但還不至於塌軟。調小火力,倒入糖,擠進檸檬汁,慢慢滾煮,同時攪拌直到糖全數融化。然後調大火力,滾煮大約20至30分鐘,不停攪動,直到果醬稠化,達到攝氏102度。測試方法:先冰鎮一只盤子在冷凍庫取出,當你判斷果醬已經煮得差不多時,快速舀一小匙到冷盤上,一分鐘後,以手指在果醬上劃一直線,如果劃開的兩邊果醬凝定不動,表示濃稠度足夠。比起因久煮到果醬凝固溫度而顏色變得深沉的果醬,我比較偏好口感輕盈、風味有層次的作法。

　　消毒瓶蓋。用高熱的洗碗機設定清洗一輪,或者將瓶子放在烤盤上,注入剛煮沸的滾水至滿,蓋上瓶蓋,靜置5分鐘,倒乾水分,再放入攝氏100度對流模式烤箱烘烤片刻,直到瓶內無水漬殘留。

　　將果醬倒入瓶子裡,最好用個漏斗。切勿裝滿,旋上蓋子,上下倒置,靜置約20分鐘,然後翻轉直立,靜置到涼。貼上標籤,開瓶前,存放在暗涼處。

漬小黃瓜

PICKLED CUCUMBERS

接近九月底時，菜圃產量會大爆發，但產季也已步入尾聲。我們裝滿無數推車的條紋櫛瓜、採摘彷彿摘不完的番茄、將羅勒裝袋，吊掛風乾紅辣椒和洋蔥，試圖在季節結束前，盡可能利用所有收成。自種蔬果的問題就是：沒辦法控制收成時序。你可以輪種，亦即經常不斷地小量播種，試著讓補給穩定，而不是讓蔬果一窩蜂地熟成，但是當植蔬處在顛峰盛產期，你幾乎沒辦法跟上它們的節奏。這就是饒富樂趣的封存食物見縫插針的時候。冬天因為沒有什麼令人興奮的作物能種，透過封存可以延長季節，在田地貧瘠的冬日，也能享用夏天多姿多彩的蔬果。我們進行大量發酵、乾燥、封存罐頭，當然也少不了醋漬。

自製和市售醋漬品的差別，真是天差地遠。我愛酸黃瓜，但市售使用的醋，常常太過強烈刺喉，幾乎吃不出什麼細微風味變化。在家自製酸黃瓜，真是簡單到不能更簡單，而且讓你可以在其黃金時期，封存其美味。配上麵包和奶油、或一塊乳酪，甚至夾進三明治裡，就是很棒的點心。這裡分享的是我香料滿滿的醃漬基本配方，老實說，你可以用來醃漬任何蔬菜，比如甜菜根、白花椰、紅蘿蔔、法國四季豆、蕪菁、櫻桃蘿蔔……你說了算。唯一需要調整的是處理蔬菜的方式。大多數食材可以生鮮時醃漬，但我以甜菜根為例，如果生鮮時醃漬，我會去皮再切成薄片；如果要以塊狀醃漬，我會先將甜菜根煮軟，再切成丁塊。白花椰菜的話，我會快速水煮，確保維持一定口感；至於紅蘿蔔、櫻桃蘿蔔之流，我通常是全型醃漬。

這則食譜是根據經典醃漬的 3：2：1 比例：3份醋、2份水和1份糖，但是市面上的醋酸度差異甚大，我常發現，必須下更多甜度平衡風味。就和大多數烹調一樣，記得試味道，需要糖就加。但是不妨尋覓一款不那麼刺激喉嚨的醋。一旦你領略了醃漬訣竅，就能以不同香料和醋來實驗變化。屆時將會有另一個廣大的世界任你探索。（照片請看第300頁）

可製1大瓶

· 2條小黃瓜
　切成漂亮的塊狀

· 1大匙鹽

· 500毫升蘋果醋

· 250毫升水

· 125克細砂糖

· 1/4小匙薑黃粉

· 6個黑胡椒粒

· 2片月桂葉

· 1顆洋蔥，切細絲

· 1大匙茴香籽

· 1大匙黑芥末籽

· 1/2小匙紅辣椒碎

· 3大匙橄欖油

首先混合小黃瓜和鹽，靜置1至2小時，如果時間充裕的話，可放隔夜直到小黃瓜釋出一些汁液，瀝出小黃瓜。

趁著小黃瓜過濾汁液的空檔，開始準備醃汁。取中型鍋具，小火加熱醋、水、糖、薑黃粉、黑胡椒和月桂葉，直到糖全數溶解。加大火力，滾煮醋汁約5分鐘。

這時，將洋蔥絲、茴香籽、芥末籽、紅辣椒碎，與小黃瓜混拌，確實攪拌直到均勻沾上香料和洋蔥。

將小黃瓜放入一個1公升的基爾納玻璃密封罐裡，醃汁完全淹沒，倒進橄欖油阻隔空氣，置旁放涼，蓋上一張烘焙紙，蓋上瓶蓋，置於陰涼處至少醃漬一天再開吃。

這可以存放頗久，但口感會隨時間變差，高溫季節時，存放陰涼處，可以有效延長保存期限。

萬 用 醬 汁

THE SAUCE

這款醬汁差不多介於番茄醬和HP棕醬之間,但容我大言不慚地說,它徹底勝出。甜中帶酸,豐盈的香料氣息,沒有什麼比這醬汁,更讓我願意塗抹在香腸或培根三明治裡。來一點這萬用醬汁,能讓任何早餐昇華到另一個層次,甚至配上烤肉,不管是當作醃醬或塗料都很優秀。做好之後,幾乎不變質,而且會越陳越香。每年我總在秋天,用最後一批番茄和首批蘋果做上一大桶。它簡直是神仙醬汁,我的櫥櫃少了它,將會非常寂寥。

製作約5大瓶果醬瓶醬汁

· 3顆洋蔥,切細丁

· 4大匙橄欖油

· 3根新鮮紅辣椒
  去籽,細切

· 3小匙丁香粉

· 2小匙多香果粉

· 1整顆蒜頭
  蒜瓣磨泥或拍碎

· 5公分長生薑,去皮粗切

· 3.5公斤李子番茄,粗切

· 3顆烹調用蘋果,粗切

· 100克海鹽片

· 650克細砂糖

· 300克細紅糖

· 650毫升有機紅酒醋

找到你手上容量最大的煎鍋。先用橄欖油炒洋蔥約15分鐘,直到甜軟。接著下紅辣椒、香料、大蒜和生薑,小火爆香約3分鐘,接著放入其他所有食材。現在這一鍋,需要小火滾煮約3小時,留意進度,需要時攪動一番,小心別讓醬汁滯黏鍋底。

完成時,用手持式攪拌棒攪打直到滑順,以食物過濾器過濾,如果沒有這個機器,就用木匙或刮刀把醬汁壓磨過濾網。試味道確認調味如何,你或許會想再加點糖、幾匙醋,或甚至些許紅辣椒碎或辣醬汁添點辣度。如果還是太稀薄,可以繼續熬煮收汁。

裝瓶。我一般會以洗碗機,將玻璃瓶和蓋子洗過一輪,或者也用蓋過瓶身的滾水燙一下,再以攝氏100度對流模式烤箱烤片刻,接著倒入醬汁後封瓶。我從沒有失手過,或甚至讓醬汁長黴,這在我家是件了不得的事呢!

發酵生辣椒醬

FERMENTED CHILLI SAUCE

紅辣椒一直是我特別愛種的植蔬。每年挑選種籽時,我總花大把時間在紅辣椒上,研究哪些品種令人熱血沸騰,種下經典的種類,然後做些新實驗。一株紅辣椒至少能產出30根辣椒,所以每年大約種二十株的量來說,足夠我們大做實驗了。我們會乾燥存放,用來做不同顏色和風味的紅辣椒碎和辣椒粉。

日日烹調也會消化不少新鮮辣椒,但大多數還是變身為發酵生辣椒醬,那可是我們的必備品。發酵是利用野生菌種產生天然酸,以保存食物的一種方式,一如用醋來醃漬食物一樣。發酵食品對腸胃特別好,因為它們有著滿滿的好菌,且也比醋漬品更優異,後者得用大量甜味平衡醋的強烈酸氣。發酵聽起來有點複雜,但實際上製程很簡單且自由度極高。以下的醬汁配方,你可以依喜好調整,保存得當的話,可以數月不變質。

建議選用幾款辣度不同的紅辣椒製作,我用的大部分都屬於微辣品種,因為只要加點蘇格蘭帽辣椒或鳥眼辣椒,就能很輕易提增辣度。但通常我發現,多半得用足量紅甜椒緩和辣度。對我來說,核彈級辣醬意義不大,你連辣椒的風味都品不出來,更別說是盤子裡的菜。(照片請看第304頁)

可製1大瓶

· 1公斤紅辣椒
 (請看前言)

· 6顆紅椒

· 2至3顆甜味蘋果,
 或者試試其他水果
 如鳳梨、梨子、
 芒果等等

· 1至2姆指長生薑

· 芫荽籽(可省略)

· 海鹽

· 蘋果醋,適量

· 細紅糖,適量

· 橄欖油,封存用

發酵的一切繫於重量,因為這會影響到該放多少鹽。鹽是天然封存食物的大將,對的分量能創造出好菌快活增生、壞菌難以存活的環境。好菌靠食物裡的糖維生,釋出副產品:乳酸,就是這個乳酸,啟動了醃漬機制,同時自然地封存食材。

你需要一個大盆子。將紅辣椒和甜椒的蒂頭去掉,剖半去籽,蘋果去皮去核,生薑也去皮粗切。加入芫荽籽(如果有使用的話)。現在必須秤出所有食材的總重量,假設一共是2公斤,你需要2%總重量的鹽量,也就是40克。將食材倒入食物調理機,放入鹽,攪打成均勻的泥狀,將紅辣椒泥倒入1個大或2個中型玻璃瓶裡,用力下壓,擠出空氣,讓所有食材沉浸在自身汁液裡,是最理想的狀態。

現在放進一個發酵用玻璃鎮石，好把所有紅辣椒壓實，或用一個優格罐的蓋子，上頭再放一個消毒過的石頭加壓。發酵過程會產生氣體，加上紅辣椒糖分不少，發酵應該十分活躍，所以瓶子上方至少預留個5公分的空間。將塑膠環從罐子上取下，好讓氣體逸散，然後蓋上蓋子，放在陰涼處，發酵一個星期左右。每天記得將浮上來的紅辣椒壓到浸汁裡，一定得完全浸泡其下才行。一週後，試味道，此時應該夠酸，且很美味才是。酸度是發酵產生足夠乳酸的證明，也是防腐劑。將瓶子裡的發酵物全倒入高速調理機，攪打直到滑順，再次試味。可以加點蘋果醋助長期保存一臂之力，再添點細紅糖平衡醋酸，不斷混拌試味道，直到調出你喜愛的醬汁風味。

　　倒入消毒過的玻璃瓶，上頭淋上橄欖油，放入冰箱。我不特別再加熱醬汁殺菌，因為我喜歡好菌，所以技術上來說這醬汁是活的，冰存會大大減緩發酵速度。記得瓶蓋別轉太緊，讓產生的氣體可以逸散。如果存放在冰箱裡，辣醬可以保存數月以上。你可以拿來配蛋料理、混美乃滋、塗三明治、蘸烤肉、調醬汁等等，偶爾也許會出現一些白色黴菌，這沒什麼大礙，刮除即可。

基礎食材與醬汁 The Basics

雞高湯 Chicken Stock

我們廚房爐台上，絕少沒有一鍋雞湯在溫柔冒泡滾煮的時候。我總是用大鍋熬製，因為塞不進冰箱，多半凍在廚房門外空地上。雞湯是我們賴以生存的食物。我熱愛雞高湯，一是衝著它使用原本會被浪費的食材來煮的這個大原則，還有療癒、修復和滋養的優點，以及能好好地清冰箱呢。可能的話，我通常會建議使用自製雞高湯。我覺得市售品（除非是品質絕佳的大骨湯）風味太強烈，容易喧賓奪主，若你打算使用，以水稍微稀釋比較妥。這裡分享的與其說是食譜，不如說是製作方法，因為它其實是很靠直覺料理，而且你該要有使用現有食材製作的自由心態。

首先，你需要準備雞骨頭，上頭尚有餘肉，以增添滋味來看，不能說是件壞事。將肉拆掉下肚腹後留下來的烤雞骨頭，是個很棒的起點，但你也可以直接和肉販買雞骨架子。之後可以將骨頭烤過，煮出色深味濃的版本，或是直接滾煮，得到湯頭清澈、風味淡雅的高湯。如果是製作義大利燉飯或湯品，我偏好使用後者，能豐富滋味不搶味；但若是燉煮義大利肉醬或是湯麵之類的菜

色，我會選擇烤過的濃高湯，讓成品喝來更有層次。

再來是其他食材，樂趣就從這裡展開。開宗明義要說的是，如果你大量放進特定食材，這食材會把其他重要風味都遮蓋住，太多綠色韭蔥前段，高湯顏色會加深幾個色階，也成為你唯一能嘗到的風味。下太多紅蘿蔔，湯會變得死甜，所以用直覺判斷，找到最佳平衡。我幾乎一定會放幾顆洋蔥、一根西洋芹、幾根綠色韭蔥前段和幾片月桂葉，但這之後的熬湯選擇無極限。

任何不怎麼新鮮的西洋芹、發軟的番茄、老薑、帕瑪森乳酪殘餘邊角，或是躲在冰箱後頭的培根、委靡不振的洋蔥、發綠芽的大蒜，或是最後那朵枯萎的洋菇……我可以不斷舉例下去呢。把煮高湯當成清冰箱的藉口吧！黑胡椒粒、紅辣椒乾、茴香或那幾把垂頭喪氣的香草束，都是絕佳的添料。

最後，當然就是時間了。一鍋好的高湯得時間醞釀，用最小火慢慢滾煮個幾小時，說真的，時間越長越好。一旦煮出風味，濾出煮料，再將湯汁倒回鍋裡，如果風味已足，就稍微調味拿來運用。但如果有必要，也可以繼續滾煮

一陣子，濃縮汁液和味道。如果你煮了很大一鍋，就得低溫保存，否則很快會發酸。我們通常分裝在小的密封保鮮盒裡，冷凍起來，以備不時之需。

基礎美乃滋和蒜泥蛋黃醬
Basic Mayonnaise & Aïoli

自製美乃滋不能更簡單，而且滋味勝出市售品不只一個檔次。這裡分享的是一款質地如絲緞、風味又濃郁的版本，單獨享用很棒，但同時也是奔向其他各種風味美乃滋的起點。這食譜可調製一大罐，想要的話，也能減半分量。不過這醬在冰箱裡能保存許久，而且超級百搭。如果你沒有馬力夠強的食物調理機，也可以用一般的打蛋器或是手持式攪拌器製作。

讓美乃滋變身蒜泥蛋黃醬，只要加入2至3瓣大蒜即可。

・200毫升初榨橄欖油
・200毫升葵花籽油
・1顆全蛋，加一顆蛋黃
・1大匙第戎芥末醬
・1大瓣大蒜，磨泥
・1尖撮海鹽片
・1顆檸檬擠出的汁液

在一個方便倒液體的容器裡，混拌兩種油脂。

將全蛋、蛋黃、芥末醬、大蒜、鹽和一半檸檬汁放進食物調理機，攪打均勻。一旦混勻，在食物調理機運轉下，慢慢倒入油脂，再怎麼強調「慢慢加」都不足以說明這動作的重要。加太快，油水將會分離，結果是砍掉重練。所以攪打時，盡可能以最少最慢的流速倒入油脂。一段時間之後，它會開始稠化，醬汁會噴甩在攪拌槽邊，發出美妙的啪啪聲響，這是告訴你稍微倒快一點的訊號，但還是不能操之過急。

一旦所有油脂都乳化，加入所有檸檬汁（或任何其他自選調味料）。試味道，並微調。用更多鹽、檸檬和芥末調出你心中最平衡的風味。

綠莎莎醬 Salsa Verde

經典綠莎莎醬是值得學會的關鍵食譜。濃烈、明亮且充滿無限綠色蔬菜精華，這是我在餐廳任職時學會的第一款醬汁。非常多元好用，不管搭配烤蔬菜或魚肉，都一樣美味。

・50克新鮮扁葉巴西里
・10克新鮮龍蒿，蒔蘿或香葉芹
・20克酸豆
・約5根酸黃瓜
・3至5片鯷魚（可省略）
・1小匙第戎芥末醬

- 些許紅酒醋
- 優質橄欖油，但要避免太過辛辣或苦味油款

把巴西里葉聚攏起來，以一把利刀切切切，再切切切，直到細碎——我一般也會把幼細的莖也切進去。將葉子從龍蒿、蒔蘿或香葉芹的莖上剝下，同樣切碎。略沖洗酸豆，粗切（保留一點口感是好的），同樣方式處理酸黃瓜。最後如果你有使用鯷魚的話，先切再搗成泥。將以上食材全數放入碗裡，再加進芥末醬、些許海鹽片和少許紅酒醋，混勻。一邊混拌，一邊倒入橄欖油，達到可流動的質地。試味道，可加更多鹽、芥末、紅酒醋，或甚至再多一些酸黃瓜，如果你覺得需要多點口感的話。綠莎莎正是一個需要一邊試味道一邊微調，直到找到滿意平衡的經典例子。

以上可以事先製作，但如果提前一天調製，請記得當日使用前再加醋，否則醋酸會毀了香草的青綠。這款醬汁非常適合搭配羊肉或魚鮮，也可拌進扁豆或水煮馬鈴薯裡，甚至調美乃滋也無不可。是個值得認識的好味道。

辣根醬 Horseradish Sauce

自製辣根醬是史上最百搭的蘸醬之一，我愛死它了。比起滿是醋味的市售品，高了不知幾個檔次。對我來說，烤牛肉如果沒有這款絕妙配醬，根本是不完整的。配上燻魚和大地氣息濃厚的甜菜根，更是一絕。而且製作簡單到你完全沒有藉口不做。如果你感冒了，還能讓你的呼吸快速暢通。

- 1塊新鮮辣根
- 400克法式酸奶油
- 1/2顆檸檬
- 海鹽

準備好痛哭流涕吧。將辣根塊的下半部去皮，磨成80克的泥醬，這時你會很希望有一副蛙鏡。將辣根泥和法國酸奶油混拌，加些檸檬汁和些許海鹽。混勻後試味道，嘗起來應該非常辛辣過癮，但加檸檬時得小心不需要太多。

自製青醬 Homemade Pesto

你有兩種方法自製青醬。傳統方式當然就是用研磨缽，它的義大利名正是因此而來；另一個方法是以食物調理機代勞，快又有效率。兩種各有優點，一個簡單好做，一個維護美味傳統。我覺得加一整顆蒜瓣完全喧賓奪主，破壞了食材之間細緻的風味和諧。所以我僅用四分之一至二分之一顆蒜瓣，如果要的話，最後還可再多磨一點混入。然而，食譜的美妙之處就在於，它只是個

指引，所以愛用多少大蒜和帕瑪森乳酪，你說了算，只要拿捏好最後的平衡即可。青醬也可以用各種香草和堅果製作，以最狂野、富想像力的方式來活用以下的製作技巧吧！

· 1/2瓣大蒜
· 100毫升優質橄欖油（避免苦味款式）
· 120克新鮮羅勒葉
· 50克松子
· 40克帕瑪森乳酪，刨細絲
· 30克佩克里諾羊乳酪，刨細絲

　　將大蒜和一小撮海鹽放入研磨缽，搗磨成糊，慢慢淋入橄欖油，加入一把羅勒葉，將其搗碎成糊醬，以利釋出油脂。接著再加入一大把羅勒葉，再淋些許橄欖油，依此重覆進行，直到處理完所有羅勒葉。接下來放松子，磨進羅勒醬裡，我喜歡青醬保留一些口感，但有些人喜歡滑順流動質地。最後，拌入兩種乳酪絲，再調入剩下的橄欖油。試味道，微調，倒入一只玻璃瓶裡，上頭覆以一層橄欖油以防變色。

　　如果選擇用食物調理機，放入羅勒葉，磨入蒜泥，倒橄欖油，攪打直到平滑，然後加松子與兩種乳酪絲，以按暫停鍵方式，間歇打到滿意的質地——我喜歡粗糙大塊狀。試味道，調至風味平衡，以前述方法存放。

奶油酥皮 Shortcrust Pastry

　　所有酥皮中最簡單的版本。奶油酥皮奶香十足，天堂般美妙質地，甜鹹塔皆適用。做酥皮的終極關鍵是，保持所有食材道具的冷度，且動作得迅速，花越少時間製作麵團越好，可以避免麵粉產生讓口感變硬的筋性。為了方便，我使用食物調理機製作，但你大可以用手進行。

製作25公分塔皮

· 200克中筋麵粉
· 100克切丁冰鎮奶油
· 冰水（做鹹塔的話，加些醋效果不錯）
· 1顆蛋，打散

　　將麵粉和奶油放入食物調理機，以些許鹽調味。按鍵停鍵間歇攪打20至30秒，直到奶油覆住麵粉，呈現出麵包屑的質地。然後在調理機運轉下，一次一大匙地加入冰水，直到麵團攪成一團。一旦成團，立即關機，以手取出麵團，稍微整形成一圓球狀，不要揉搓。攪打時間及冰水量，越少越好。壓成一約4公分厚的圓碟狀，以保鮮膜或烘焙紙包起，冰箱冰鎮約30分鐘。

　　從冰箱取出酥皮麵團，工作枱撒手粉，放上麵團，麵團上頭也撒些麵粉，以擀麵棍朝外擀開，一邊擀一邊以繞圓方式旋轉麵團，直到擀成一個約3毫米厚

的圓片。拿出塔盤,置於酥皮上丈量,看尺寸是否相符。於擀麵棍上撒粉,將其置於酥皮的三分之一處,並用擀麵棍將酥皮捲起來,再展開於塔盤上。輕輕將酥皮按壓進塔盤,接著我會拿一點多餘的酥皮麵團,利用它,將酥皮按壓進塔的邊緣。留一些懸垂酥皮在塔盤邊,如此可避免烘烤時塔皮縮水的情況,以叉子均勻在塔底叉出孔洞,讓被困住的空氣得以逸散,而不至在塔皮下起泡。放入冷凍約20分鐘。

以攝氏180度對流模式預熱烤箱。從冷凍庫拿出酥皮,取烘焙紙,剪一個比塔皮稍寬大的圓形,揉成球再展開,鋪在塔皮上,以盲烤用焗豆(或乾扁豆、米或各種乾豆子)填滿。將塔盤置於一淺烤盤上,送入烤箱烤約20分鐘,直到邊緣開始染上金黃色澤。從烤箱取出,再小心拿起烘焙紙和乾豆子,把塔皮放入烤箱,續烤約10分鐘,直到塔底烤熟,小心勿烤得太過金黃。最後,再次從烤箱取出,刷上蛋液,放回烤箱續烤一兩分鐘,好烤乾蛋液,此舉可封住塔皮,確保放入內餡後,仍保持酥脆。好了,盲烤塔皮大功告成,就等著填入內餡。有點費工夫,可一旦你掌握要領,其實非常簡單。

自製極簡版酥皮
Rough Puff Pastry

千層酥皮的確十分特別,但製作起來可是有點費事。我通常直接買現成品,書裡分享的許多扁平塔和派點食譜,便是使用十分好用的市售酥皮(記得買全奶油版本)。倒是有一款極簡版酥皮製作起來,不費吹灰之力,超級美味、奶香四溢又香酥可口。我強力推薦用這款酥皮製作雞肉派及三角蘋果派。

· 250克中筋麵粉
· 1小匙細海鹽
· 200克奶油,切丁
· 150毫升冰水
· 1顆蛋,打散

將麵粉和鹽放進大碗裡,接著放奶油丁,倒入三分之二冰水,混拌成一約略成形的粗糙麵團。有需要的話,就再加點水,上蓋後放冰箱,冷藏約20分鐘。時間到時,在工作枱上撒手粉,倒出麵團。先將麵團擀成長方型,維持同一方向擀開,麵團應該會因奶油塊的分布,呈現大理石紋路,這是好現象;試著避免讓奶油融進麵粉裡,將麵團上方三分之一處向內折疊,再將下方三分之一折覆其上。然後將麵團做90度旋轉,再次擀成長方型,重覆之前的步驟兩次。這麼做可以延展麵團上的奶油大理

石紋路，製造出酥皮層疊的效果。當你烘烤酥皮時，這些層疊將融化，留下空氣間隙，使得酥皮香酥脆口。處理好麵團後，包妥冷藏約半個小時，使其休息鬆弛。

烘烤時，將酥皮擀到約4至5毫米厚，放到烤盤上，邊緣留懸垂，刷蛋液。送入攝氏220度對流模式烤箱烤約10分鐘，接著降溫至200度，續烤20至30分鐘，直到膨發金黃。

自由式酥皮 Galette Pastry

這是一款不需要講究盲烤，算是極高明的自由形式派皮。就是直接在烤盤上製作，邊緣內折捏合，刷上蛋液後，入烤箱烘烤。這個派皮的食譜是愛丁堡Palmerston餐廳，總是帶來啟發的主廚洛依德‧摩斯（Lloyd Morse）分享給我的。非常酥脆、散發著奶香，類似比司吉口感，質地迷人，還有著蘋果醋的幽微氣味，我超級推薦。這裡我用桌上型攪拌機製作，但你也可以用手在大盆子裡完成。

‧270克中筋麵粉

‧170克奶油，切小丁，置冷凍

‧15毫升蘋果醋

‧60毫升冰水

‧1顆蛋，打散

桌上型攪拌機安裝平板攪拌棒，倒入麵粉，放進三分之二冰奶油丁，一大撮鹽，啟動攪打，直到麵粉開始呈現麵包屑的質地，放入剩餘奶油丁，繼續攪拌，直到麵粉呈現麵包屑質地，但有小塊奶油穿插其間——最後的口感酥香，就靠這個了。此時，加入蘋果醋，一半冰水，攪拌片刻，關掉攪拌機，將麵粉團料沿著攪拌盆往底下刮推，看看是不是能黏著合體，如果不行，可能需要再加點冰水。當你覺得黏性可以的時候，將所有麵粉團料收攏壓成一圓碟（忌用會讓變硬的搓揉麵團手法），約7公分厚。以烘焙紙包妥，冰藏休息鬆弛。

半小時後，麵團可以準備入爐烘烤，工作枱上撒手粉，將酥皮擀成約4至5毫米厚，朝你的反方向往外擀，邊擀邊慢慢旋轉，如此能擀出厚薄平均的酥皮。擀好時，將酥皮滑拖到一張烘焙紙上，再放到淺烤盤。鋪上內餡，圓周預留5至7公分，之後將預留酥皮往內折，塗上蛋液，撒點鹽，以攝氏220度對流模式烤箱，烤約30至50分鐘，時間依內餡而定。關鍵是酥皮色澤金黃，保證香酥無敵。

索 引

沙丁魚煙花女義大利麵
sardine puttanesca 48
菠菜番茄與鯷魚法式焗烤
spinach, tomato & anchovy gratin 215–16
酸豆奶油橄欖醬 tapenade butter 217–18

ㄋ

南瓜 pumpkin
南瓜、菠菜和莫札瑞拉乳酪千層麵
pumpkin, spinach & mozzarella lasagne 59–60
烤南瓜佐莫札瑞拉乳酪、鼠尾草和榛果
roast pumpkin, buffalo mozzarella, sage & hazelnuts 43

奶油 butter
義大利辣香腸奶油 nduja butter 204–5
酸豆奶油橄欖醬 tapenade butter 217–18

奶油酥皮 shortcrust pastry 309–10
康提乳酪洋蔥塔
Comté cheese & onion tart 56–7
法式達姆森李子杏仁塔
damson frangipane tart 289–90

牛肉 beef
側腹牛排佐鯷魚醬和櫻桃蘿蔔
bavette steak, anchovy crema & radishes 147–8
燜燉牛小排 braised short ribs 77–8

檸檬 lemons 26
西班牙夏蔬薄荷檸檬白冷湯
ajo blanco with summer vegetables, mint & lemon 178–9
香草檸檬蘆筍烤魚 baked fish with herbs, lemon & asparagus 136
檸檬茴香馬鈴薯烤雞
chicken roasted over lemon, fennel & potato 141–2
櫛瓜義大利烘蛋佐山羊乳酪檸檬薄荷
courgette frittata with goat's cheese, lemon & mint 182–3
櫛瓜義大利麵佐羅勒檸檬馬斯卡彭乳酪
courgette pasta with mascarpone, basil & lemon 188
薩爾莫里歐醬海鱸魚義大利細麵
salmoriglio & seabass linguine 211

ㄌ

辣根 horseradish
辣根醬 horseradish sauce 308
馬鈴薯煎餅、煙燻鱒魚佐辣根醬和水芹沙拉
potato latkes, smoked trout, horseradish & watercress 128

辣椒 peppers
發酵生辣椒醬 fermented chilli sauce 303–5
炙烤香草羊肉串佐漬紅椒和大蒜醬
lamb grilled on herb skewers with marinated red peppers & garlic sauce 276–8
烤麵包上的西班牙小青椒、伊比利火腿與蛋
Padrón, Ibérico ham & eggs on toast 246

西班牙烤紅椒堅果醬佐布拉塔乳酪
和炙烤洋蔥 romesco with burrata & grilled onions 192–3

李子 plums
無花果葉李子果醬
plum & fig leaf jam 294–5
燜李子佐打發優格、薄荷及燕麥穀類脆片
stewed plums, whipped yoghurt, mint & granola 284–5

李子乾 prunes
巧克力慕斯佐香料雅文邑李子乾
chocolate mousse with spiced Armagnac prunes 97–8
蘋果酒燉李子乾洋蔥豬五花
pork belly braised in cider with onions & prunes 81–2

蘆筍 asparagus
蘆筍瑞可達乳酪塔
asparagus & ricotta tart 116
蘆筍和溏心蛋
asparagus & soft-boiled eggs 114
香草檸檬蘆筍烤魚 baked fish with herbs, lemon & asparagus 136
蟹肉蘆筍義大利燉飯
crab & asparagus risotto 126–7
盤子上的春天 spring on a plate 118–19
熊蔥蘆筍奶油培根義大利麵
wild garlic & asparagus carbonara 123

羅勒 basil
櫛瓜義大利麵佐羅勒檸檬馬斯卡彭乳酪
courgette pasta with mascarpone, basil & lemon 188
自製青醬 homemade pesto 308–9
油桃、莫札瑞拉乳酪與羅勒沙拉
nectarine, mozzarella & basil 180
鍋煎魚菲力佐櫛瓜白豆與羅勒
pan-fried fish with courgette, white beans & basil 208–9
羅勒布拉塔乳酪魔鬼義大利麵
pasta diavola with burrata & basil 125

ㄍ

蛤蜊 clams
白酒蛤蜊義大利細扁麵
linguine vongole 212

高湯 broth
瑞可達雞肉丸子米粒麵湯佐法式酸奶油
與蒔蘿 chicken & ricotta meatballs in broth with orzo, crème fraîche & dill 272

橄欖 olives
燜燉茴香番茄香腸佐滋潤玉米糊
braised sausage, fennel & tomato stew with wet polenta 143–4
希臘版番茄燉煮四季豆 fasolakia 251
尼斯洋蔥千層塔 pissaladière 38
沙丁魚煙花女義大利麵
sardine puttanesca 48
酸豆奶油橄欖醬 tapenade butter 217–18

ㄎ

咖哩 curry
蛋咖哩佐椰子參峇辣醬和扁麵包
egg curry with coconut sambal & flatbreads 62–4
番茄咖哩 tomato curry 260–1

卡士達醬 custard
大黃卡士達塔
rhubarb & custard tartlets 158–60

開心果 pistachios
海鹽焦糖開心果
salted caramel pistachios 161–2

ㄏ

核桃 walnuts
梨子核桃反轉蛋糕
pear & walnut upside down cake 94–6

海鱸魚 seabass
薩爾莫里歐醬海鱸魚義大利細扁麵
salmoriglio & seabass linguine 211

黑線鱈 haddock
煙燻黑線鱈和韭蔥威爾斯乾酪烤麵包片
smoked haddock & leek rarebit 249

黑葉羽衣甘藍 cavolo nero
深綠義大利麵 deep green pasta 51

火腿 ham
燉豌豆煙燻豬腳與薄荷
ham hock, pea & mint stew 150–2
烤麵包上的西班牙小青椒、伊比利火腿與蛋
Padrón, Ibérico ham & eggs on toast 246

茴香 fennel
燜燉茴香番茄香腸佐滋潤玉米糊
braised sausage, fennel & tomato stew with wet polenta 143–4
檸檬茴香馬鈴薯烤雞
chicken roasted over lemon, fennel & potato 141–2
蟹肉蘆筍義大利燉飯
crab & asparagus risotto 126–7
蟹肉香蔥麵包佐茴香血橙
crab toast with fennel & blood orange 36

紅辣椒 chillies 26
發酵生辣椒醬 fermented chilli sauce 303–5
萬用醬汁 the sauce 302

紅蘿蔔 carrots
燜燉牛小排 braised short ribs 77–8
燉豌豆煙燻豬腳與薄荷
ham hock, pea & mint stew 150–2
珍珠大麥熊蔥燉羊肉 lamb stew with pearl barley & wild garlic 153–4

紅椒 red peppers
發酵生辣椒醬 fermented chilli sauce 303–5

致 謝

　　這本書是我心心念念多年的夢想，但一直因恐懼而不敢動筆。那顆種籽已然種下，我卻一再推遲，對於這項任務感到卻步，總覺得自己還沒準備好。我想我認定寫書很寂寞，是一個會把我綁在桌前，在截稿日期步步逼進的那幾個月，不間斷地敲擊鍵盤的過程。但在某程度上，我是對的，這的確是個巨大的挑戰，但不管有多難，它同時也是一段令人愉悅且讓人全心投入的時光。最棒的時刻是我們的團隊齊聚一起，烹煮、種植、品嘗、播種、討論……完全融入在小農場的日常運作中。於是最後獲得到這樣能將一系列我深引以為傲的食譜和故事集結成書的成果，然而，我完全無法獨力完成這樣的作品，對於參與的許多人，我由衷感謝。

　　首先，謝謝我的爸媽，他們總是有求必應，是最支持我的。在我小時候，他們就看見了我的熱情所在，容許我在廚房裡實驗，勇氣十足地吞下我早年的烹調成品和創意傑作，溫聲鼓勵、品嘗並教導。最後還放手讓我將他們的小屋改頭換面，變成外表雜亂無章的小農舍。我們一起走過風風雨雨，學習一種與自然緊緊相依的新生活方式。感謝你們給我的一切，我虧欠你們許多，希望一路上的胡搞瞎搞成了值得的喜悅。

　　給我弟弟喬斯，一直以來扮演著我的左右手。過去一年來，我對你真是嫉妒到極點，因為當我坐在電腦前凝視著窗外時，你正頂著赤豔的太陽，在戶外從事著農場勞務。我們幾乎一起烹調並品嘗每一道菜，沒有你的建議和鼓勵，我根本無法完成這本書。不僅如此，這也是我們在菜圃裡度過最美好的一年，沒有你，我將不知道如何是好。

　　給我親愛的艾伯瑞出版社（Ebury）。那是個超大的團隊，有許多人必須致謝，其中特別是莉琪和席莉亞；妳們溫柔的協助、耐性和鼓勵已化作養分，推動也激勵我不斷前進與超越。從第一次開會，我就知道這是對的地方，我們一起實現並捕捉這本書的精髓。妳們幫我找來最完美的團隊，從頭到尾，一直抱持著無比堅定信念和耐心。謝謝妳們許我這個機會，並給我所有的支持。

　　給我親愛的經紀人艾莉絲和KJ，從一開始就一直陪在我身邊，當我還是個在鄉間田野探險、不修邊幅的小屁孩時，你們從我身上看出一點什麼，然後助我一臂之力完成夢想。謝謝你們這些年來給予的所有指點、忠告和支持。這是多麼美妙的一段旅程啊！

　　給艾琳娜·海瑟威，這本書的攝影師。妳的歡悅及生命力令我驚嘆。和妳合作實在太愉快了！我們一起記錄下的這一年，實在太有意思了。妳捕捉四季和

我們的菜餚那種飄然空靈，比我所能想像的更美好......謝謝妳的這一切。同樣也感激馬可‧凱司勒，不只協助艾琳娜，還充當手模、髮型師、挑盤皿，並且確保食物沒有被浪費掉，你的好胃口真是個傳奇。

一本書的成敗最終絕大部分取決於設計。我們不可能找到比朱里安‧羅勃茲更棒的選擇。我超愛你精心構思並製作出的美麗內頁，你讓它感覺像是一本溫暖且詳和的書。

佛羅倫斯‧布萊爾是在背後默默地規劃準備每週拍攝時程的智囊推手，沒有你縝密的計畫和不懈的努力，我們擁有的一切樂趣，都不可能發生。沒有你，就沒有這本書。

離開倫敦，是我做過最棒的決定，但它的確伴隨一個重大犧牲：我揮別了一群至交好友。從遙遠的地方看著你們，真的很難。我無比想念你們，我知道我做的決定挺糟糕的，但我想對你們說，我有多愛你們。謝謝你們的忠心相挺和友誼，儘管我始終缺席。現在一切塵埃落定，我發誓我會更常現身。

我也要給買這本書的所有讀者，和所有在網路上追蹤並鼓勵我的人，致上最高謝意。這些年來，你們的支持和建議對我意義重大。有時候生活其實滿孤寂的，雖然挺適合我，但有你們在，更是總能激勵我勇往直前。

另外也有一票朋友、鄰居、夥伴和在地人士，我也虧欠甚多。我的阿姨盧，給我許多幫助和鼓勵；賈斯伯，謝謝你充滿智慧的指引、友誼和殷勤對待；保羅「野狼」威佛、我親愛的大廚邁爾斯，還有，在那個我將烹飪的熱愛變成事業的所在——Noble Rot餐廳的所有人。艾利，你對做菜深具感染力的熱愛、明智建言和支持，出現得正是時候；班‧李伯斯，謝謝你一路來提供的諮詢和鼓勵；班和艾利西斯，謝謝你們的歡聲笑言，及對此地及我所做的一切的愛；路西恩，謝謝你的機智和勤奮付出，總是全副防水裝備；安娜絲，謝謝妳多年來的耐心、奶瓶餵食、分娩接生，和其他族繁不及備載的幫助。我們農場芳鄰羅斯一家，感激你們一直以來的歡迎，及對乾草製作、各種農事難題的指點教導；安姬和托爾，感謝你們在羊群照養上的智慧及緊急電話諮詢；班和JC多年來在菜園裡的協助，不管是將樹幹絞成碎木屑、拔雜草或試菜，總是談笑風生。

最後，獻給我最親愛的祖父母，特別是祖母。是妳開啟了這一切，將對食物和料理的愛，一點一滴灌注到我身上。太多童年的美好回憶，都環繞在妳美麗的家，和高明廚藝所烹調的食物上。妳意味深長的微笑、捏腮幫子和對生活滿滿的熱愛，讓與妳為伴成為一種至高的愉悅。大鍋的每次攪動及放下每一撮鹽，都是對妳的致敬，而且只要閉上眼睛，仍能清楚聞到妳櫥櫃裡的香料氣味。我真的很開心一起共度那些歲月，真希望妳可以在此見證這一切的發生。

Design: Julian Roberts
Artworker: maru studio
Photography: Elena Heatherwick
Illustrations: Jethro Buck
Food and Prop Assistant: Florence Blair
1. quote on page 242 from John Steinbeck
Colour origination by Altaimage London

作者｜朱利葉斯 ‧ 羅伯茨 Julius Roberts

富有魅力的農夫主廚

曾受過專業訓練的廚師朱利葉斯離開了繁忙的倫敦餐廳生活，追求在英國鄉村裡自給自足的夢想。現在他擁有一個專屬農場，栽種各種植物並飼養可愛的小豬、山羊、綿羊和雞以及他的狗，開啟一段與大自然重新建立聯繫的旅程。

IG 已擁有超過 90 萬粉絲，粉絲還包括《觀察家報》、前《美麗佳人》美食記者、美食作家 Nigel Slater、奈潔拉（Nigella Lawson）和英國知名電視廚師，作家和電視節目主持人 Nadiya Hussain。朱利葉斯在英國第 5 頻道開設一個《鄉村滋味》（A Taste of the Country）節目，《農夫主廚的餐桌》是他第一本書，分享他在農場的故事與食譜。

IG：@juliusroberts

國家圖書館出版品預行編目資料

農夫主廚的餐桌：感受田園四季日常，享用美好的原味料理 朱利葉斯‧羅伯茨（Julius Roberts）著；蔡惠民（Min）譯 -- 臺北市：三采文化股份有限公司，2024.06
面； 公分 --（好日好食 66）
ISBN 978-626-358-400-6（精裝）

1. 食譜 2.CST: 農民 3.CST: 生活方式
427.1   113006268

譯者｜蔡惠民（Min）

魔羯座。淡江大學大傳系畢。截至目前為止的人生，僅從事過雜誌編輯一全職，兼職無數雜誌特約作者。目前定居舊金山灣，生活泰半時間，右手拿筆，右手執鏟，不拿筆不執鏟時，要不鑽進後院荷鋤種菜，要不就在前往在地小而美農場及其路邊攤的路上。著有《裸食：好食好日好味道》、《手作裸食》、《裸食廚房》及《裸食日常：不只是裸食，還有舊金山灣滋養我的這些那些》，譯有《KINFOLK 餐桌：獻給生活中的每一場小聚會》。

FB：Min 的裸食廚房　IG：@minpicks

suncolor
三采文化

好日好食 66

農夫主廚的餐桌
感受田園四季日常，享用美好的原味料理

作者｜朱利葉斯 ‧ 羅伯茨 Julius Roberts　　譯者｜蔡惠民（Min）
編輯一部 總編輯｜郭玫禎　　執行編輯｜陳柏昌　　版權副理｜杜曉涵　　美術主編｜藍秀婷　　封面設計｜李蕙雲
內頁版型｜李蕙雲　　內頁排版｜周惠敏　　行銷協理｜張育珊　　行銷副理｜周傳雅

發行人｜張輝明　　總編輯長｜曾雅青　　發行所｜三采文化股份有限公司
地址｜台北市內湖區瑞光路 513 巷 33 號 8 樓　　傳訊｜TEL:8797-1234　FAX:8797-1688　　網址｜www.suncolor.com.tw
郵政劃撥｜帳號：14319060　戶名：三采文化股份有限公司
本版發行｜2024 年 6 月 28 日　　定價｜NT$1800